わかる化学シリーズ 4

有機化学

齋藤勝裕 著

東京化学同人

イラスト 山田好浩

刊行にあたって

　化学は総合的な学問であり，高度に洗練された理論的分野と，日常的な現象を追求した分野が混在している．そしてこの混沌とした体系がまた，化学の大きな魅力の一つになっている．本シリーズは，このような化学の魅力を，一人でも多くの方にわかっていただきたい，そのような願いを込めてつくられたものである．

　「わかる化学」というシリーズ名からわかるように，読者が大学ではじめて手にする化学の教科書を想定している．高度な専門分野に入るまえの，やさしい第一ステップとして企画された．

　本シリーズの特徴は，何といってもそのわかりやすさである．化学の全貌を，図とイラストを用いて，"わかりやすく"，そして"楽しく"理解できるように工夫している．文章は読みやすく簡潔なものとし，問題の本質を的確に説明するよう心掛けた．

　「学問に王道なし」といわれるが，この言葉に疑問をもっている．ぬかるみは舗装すればよいし，川には橋を架ければよい．並木を植えて街灯を置いたら，素晴らしい学問の散歩道である．そのような「学問の散歩道」を用意するのが，本シリーズの役割と心得ている．

　本シリーズを通して，一人でも多くの方に，化学の面白み，化学の楽しさをわかっていただきたいと願って止まない．

　最後に，本シリーズの企画に並々ならぬ努力を払われた，東京化学同人の山田豊氏に感謝を捧げる．

2004年9月

齋　藤　勝　裕

まえがき

　本書は「わかる化学シリーズ」の一環として，有機化学の全領域を一冊にまとめたものである．これから有機化学，あるいは化学を学ぼうとする方々に，まず有機化学の世界に入っていただくためのやさしい第一ステップを用意する，そのような意図で企画されたものである．

　本書は，有機分子の結合，構造，反応，さらには合成と，有機化学の重要な事項をすべて網羅し，しかもそのバランスに気を配ってつくられている．したがって，本書を読み終えたときには，有機化学全般について，幅広く，バランスのとれた基礎知識が身についているはずである．そのあとで，さらに本格的に有機化学を学ぼうとする読者にとっても，本書で培われた知識は貴重な礎になるものと確信している．

　本書の特徴はわかりやすく，楽しいことである．それは簡潔で明確な本文と，それをやさしく，楽しく視覚化してくれるイラストとが補い合って実現したものである．かつて，これほど楽しいイラストを載せた有機化学の本があっただろうか？しかも，そのイラストは，ただ楽しいだけでなく，有機化学的な事象を上手に例えている．これらのイラストや図は，有機化学を直感的に理解するための大きな助けとなっている．

　最後に本書刊行にあたり，努力を惜しまれなかった東京化学同人の山田豊氏と，楽しいイラストを描いて下さった山田好浩さんに感謝申し上げる．

2005年2月

齋藤　勝裕

目　次

ようこそ有機化学の世界へ …………………………………………………… 1

第Ⅰ部　有機化学を学ぶために

1章　いろいろな有機分子ができるわけ ………………………………… 5
1. 原子はどのような構造をしているのか ………………………………… 6
2. 電子はどのように存在するのか ………………………………………… 7
3. 有機分子をつくる共有結合 ……………………………………………… 10
4. 混成軌道がさまざまな形の分子を生み出す …………………………… 15
5. 多重結合をつくる混成軌道 ……………………………………………… 18
6. 分子間にも結合がある …………………………………………………… 20
　　コラム　イオン結合 ……………………………………………………… 12

第Ⅱ部　有機分子の構造を知る

2章　基本的な有機分子の構造 …………………………………………… 25
1. 構造式は分子のプロフィール …………………………………………… 26
2. アルカンの構造と名前 …………………………………………………… 28
3. アルケンおよびアルキンの構造と名前 ………………………………… 31
4. 共役化合物の構造 ………………………………………………………… 33
5. 共役二重結合のπ結合 …………………………………………………… 35
6. 芳香族化合物の構造 ……………………………………………………… 37
　　コラム　環境を汚染する問題児 ………………………………………… 39

3章　有機分子は三次元の構造をとる …………………………………… 41
1. どのような異性体があるのだろうか …………………………………… 42
2. 三次元で異性体を考える ………………………………………………… 43

   3. 鏡に映せば重なる鏡像異性体 …………………………………………… 45
   4. 立体異性体の書き表し方 ………………………………………………… 48
   5. 結合の回転に伴う配座異性体 …………………………………………… 49
   6. ジアステレオマー ………………………………………………………… 51
      コラム　　R, S 表記 …………………………………………………… 47
      コラム　　メソ体 ……………………………………………………… 53

4章　有機分子を顔と体に分ける …………………………………………… 55
   1. 基本的な有機分子の姿 …………………………………………………… 56
   2. 官能基 ……………………………………………………………………… 58
   3. σ結合と置換基効果 ……………………………………………………… 61
   4. 置換基効果の例 …………………………………………………………… 62

5章　有機分子の構造を決める …………………………………………… 65
   1. 元素分析 …………………………………………………………………… 66
   2. 分子量を決める …………………………………………………………… 68
   3. スペクトルの原理 ………………………………………………………… 70
   4. UVスペクトルは二重結合の情報を与える …………………………… 74
   5. IRスペクトルは官能基の情報を与える ……………………………… 75
   6. NMRスペクトルは原子と磁場の関係を利用する …………………… 77
   7. NMRスペクトルが教えてくれるもの ………………………………… 79
   8. 分子の写真 ………………………………………………………………… 81

第III部　有機分子の反応を見る

6章　有機反応を進めるもの ………………………………………………… 85
   1. 化学反応式の意味 ………………………………………………………… 86
   2. 結合の切断と生成 ………………………………………………………… 88
   3. 反応速度と半減期 ………………………………………………………… 90
   4. 逐次反応と律速段階 ……………………………………………………… 92
   5. 活性化エネルギー ………………………………………………………… 93

7章　飽和結合の反応 ………………………………………………………… 97
   1. 置換反応 …………………………………………………………………… 98

2. 1分子求核置換反応：S_N1 反応 ……………………………………… 99
 3. S_N1 反応の反応速度 ……………………………………………………… 100
 4. 2分子求核置換反応：S_N2 反応 ……………………………………… 103
 5. 1分子脱離反応（E1反応）と2分子脱離反応（E2反応）………… 104
 6. 試薬の大きさの影響 ……………………………………………………… 107

8章　不飽和結合の反応 ……………………………………………………… 111
 1. シス付加 …………………………………………………………………… 112
 2. トランス付加 ……………………………………………………………… 114
 3. 非対称な分子の反応 ……………………………………………………… 116
 4. 酸化反応 …………………………………………………………………… 118
 5. 芳香族化合物の反応 ……………………………………………………… 121

9章　官能基の反応 …………………………………………………………… 125
 1. アルコールはアルケンとエーテルになる …………………………… 126
 2. エーテルはアルコールになる …………………………………………… 128
 3. アルコールはアルデヒドになり，やがてカルボン酸になる ……… 130
 4. カルボニル基の性質と置換反応 ………………………………………… 132
 5. カルボニル基の付加反応 ………………………………………………… 135
 6. カルボン酸は酸性である ………………………………………………… 138
 7. アミンは塩基性である …………………………………………………… 139
 8. 官能基はさまざまに変化する …………………………………………… 142
　　　コラム　タンパク質 ………………………………………………… 141

第Ⅳ部　いろいろな分子をつくる

10章　有機分子の合成 ……………………………………………………… 147
 1. 官能基を変えて合成する ………………………………………………… 148
 2. 不飽和結合の導入とその応用 …………………………………………… 150
 3. 逆に考えよう ……………………………………………………………… 152
 4. 実際に合成してみよう …………………………………………………… 155
 5. 実験器具と操作 …………………………………………………………… 158

索　　引 ………………………………………………………………………… 161

ようこそ有機化学の世界へ

　ここは有機化学の世界である．心から歓迎する．
　みなさん，期待に胸を弾ませているのではないだろうか？
　有機化学の世界は楽しい世界である．魔法の国をつぎつぎと探検するような，ワクワクする世界である．大人のための遊園地といってもよい．
　主人公の有機分子は，メタンのように小さなものから，DNAのような大きなものまである．これはハムスターと恐竜の違いくらいある．その形もサッカーボールから巨大らせんまで，思いつくものはすべてそろっている．しかも，この主人公たちが変身し，合体し，分裂する．アニメの世界よりもっとすごいことをやっている．アッと驚く，魔法の国である．

　きっと皆さんに，喜んでもらえるだろう．「本当に楽しかった」
　さあ，有機化学の世界を散歩しよう！

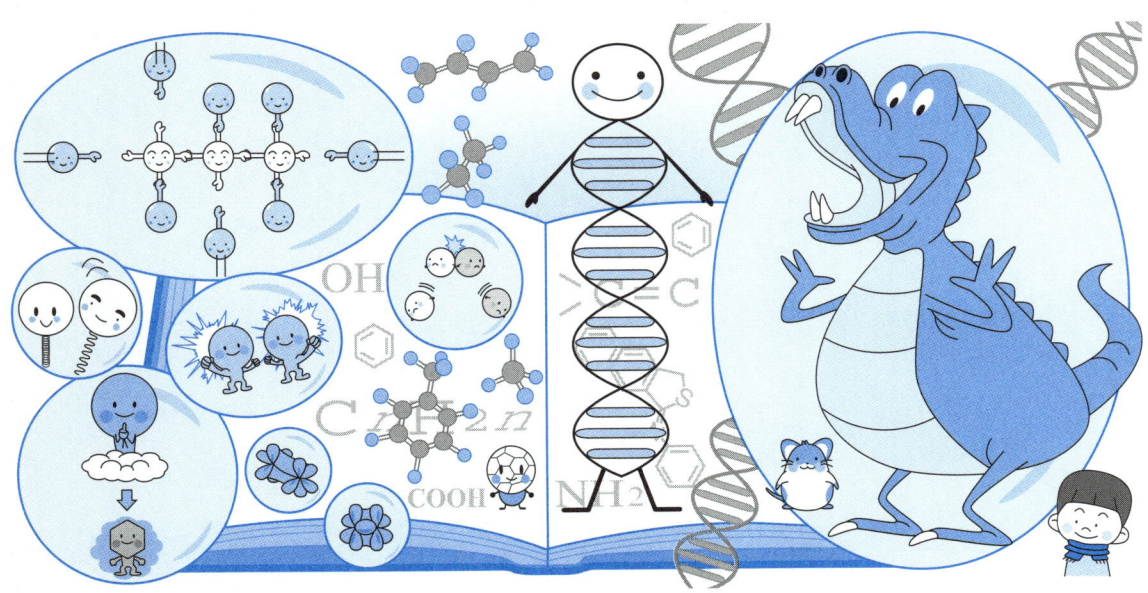

I

有機化学を学ぶために

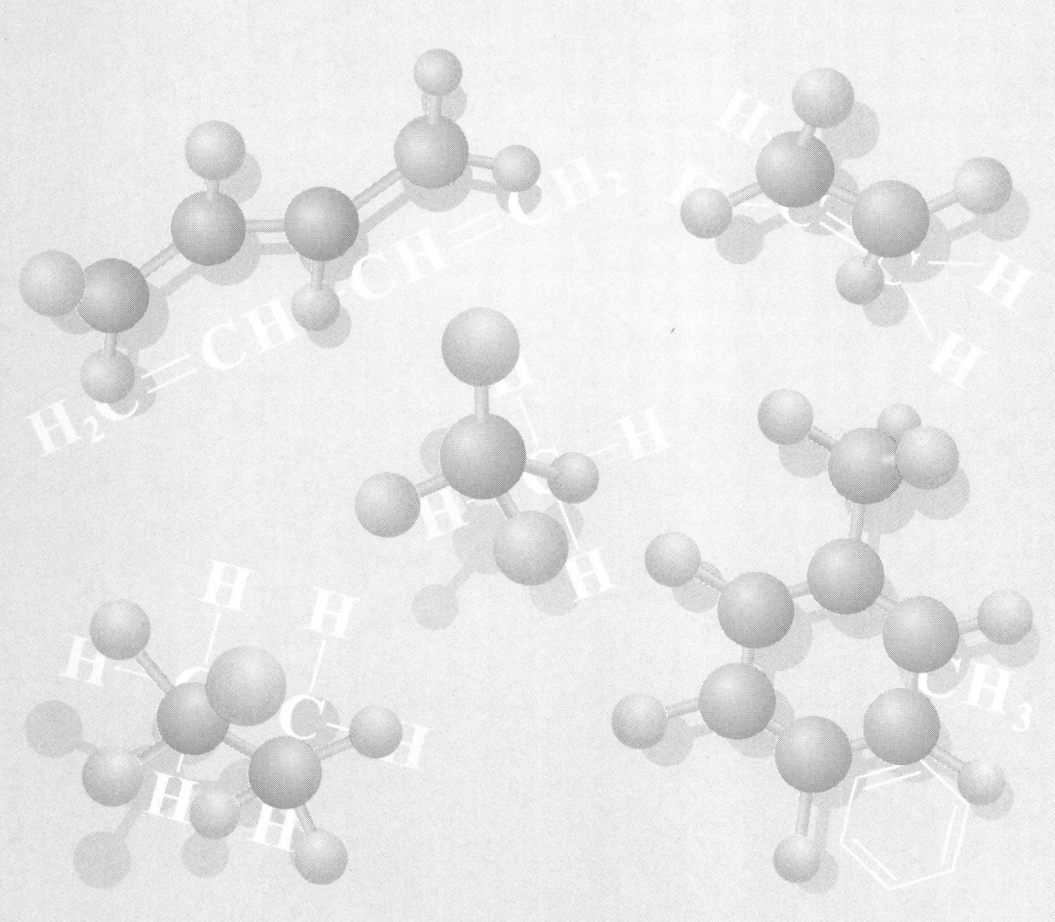

いろいろな有機分子ができるわけ

　有機分子を構成する原子はおもに炭素，水素，酸素であり，それに窒素，リン，硫黄，塩素などが加わることもある．このように，たった数種類の原子が結合するだけで，いろいろな有機分子をつくることができる．

　われわれの生活に欠かせない石油やガスなどの燃料から，衣服や容器，そして薬品なども有機分子であり，われわれ自身も複雑な有機分子からできている．

有機分子を形づくる主役たち

これらの有機分子をつくるおもな結合は共有結合であり，さまざまな形の有機分子が存在する秘密は，実はここにある．有機分子の中心となるのは炭素原子であり，共有結合を形成する炭素原子の特徴は，混成軌道をつくることである．炭素原子は，自分のもっている軌道を組合わせて新しい混成軌道をつくる．この新しい軌道を使って，多様な有機分子がつくられている．

1. 原子はどのような構造をしているのか

有機分子は炭素を中心とした原子から構成されている．まず，原子がどのような構造をしているのか見てみよう．

原子の構造と大きさ

原子は非常に小さな粒子である．まわりをフワフワした電子雲で包まれた綿菓子のようなものか，球形の煙を連想すればよいであろう．

原子の直径はおよそ 10^{-10} m，すなわち 0.1 nm のオーダーである．もし，原子を拡大して1円玉（2×10^{-2} m）の大きさにし，1円玉を同じ大きさで拡大すると，1円玉は日本列島（長さ2000 km，2×10^6 m）を覆う巨大な円盤になる．

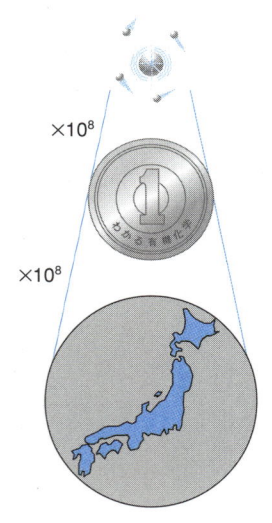

原子核と電子

図 1・1 に示すように原子は中心にある**原子核**と，それを取囲む**電子雲**からできている．原子核は電気的にプラスに荷電し，電子雲はマイナスに荷電している．原子核と電子の電荷は，符号が逆で絶対値が等しくなっているので，原子は全体として電気的に中性である．

原子核の直径は原子のおよそ1万分の1である．したがって，原子を10 m四方の教室とすると，原子核はその中心に存在する直径1 mmの物質になる．原子の質量のほとんどすべては，原子核の質量に相当する．それに比べて電子の質量は無視できるほど小さく，電子は電子雲という言葉で表されるように，雲か煙のようなものと考えられる．

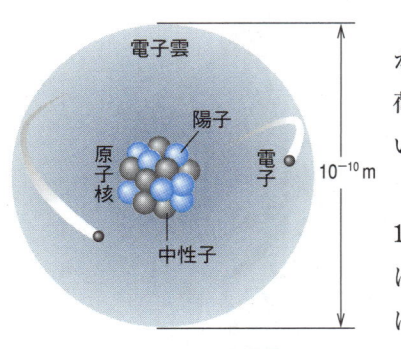

図 1・1 原子の構造

原子核は何からできているか

原子核はプラスに荷電した**陽子**と，電気的に中性な**中性子**とからできている（図1・1）．したがって，原子核の電荷数は陽子の個数に等しい．この陽子の個数を**原子番号**といい，Zで表す．また陽子と中性子の質量はほぼ等しく，陽子と中性子の個数をあわせたものを**質量数**といい，Aで表す．

原子の種類は**元素記号**を用いて表される（図1・2）．この元素記号Xに原子番号Zと質量数Aをあわせて記入することもある．

原子のなかには，陽子の個数は同じだが中性子の個数の異なるものがある．これを**同位体**という．たとえば，水素原子は陽子数が1個で，原子番号Zは1だが，中性子をもたない軽水素（$A=1$），中性子を1個もつ重水素（$A=2$），中性子を2個もつ三重水素（$A=3$）の3種類がある．しかし，天然の水素分子に占めるこれら同位体の量（同位体存在比）には大きな差がある．有機化学で重要ないくつかの原子の同位体の原子番号，質量数，存在比を表1・1に示した．

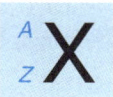

X：元素記号
Z：原子番号 ＝ 陽子数
A：質量数 ＝ 陽子数 ＋ 中性子数

図 1・2　元素記号

表 1・1　有機化学で重要な原子の同位体

原　子	H			C			Cl	
元素記号	$^{1}_{1}H$	$^{2}_{1}H$	$^{3}_{1}H$	$^{12}_{6}C$	$^{13}_{6}C$	$^{14}_{6}C$	$^{35}_{17}Cl$	$^{37}_{17}Cl$
原子番号	1	1	1	6	6	6	17	17
質量数	1	2	3	12	13	14	35	37
存在比（％）	99.99	0.01	〜0	98.9	1.1	〜0	75.8	24.2

2. 電子はどのように存在するのか

原子を構成する電子はどのような状態にあるのだろうか．実は，原子と原子が結合してさまざまな有機分子ができるのには，電子が大きくかかわっている．電子について知ることは，有機分子の結合を考えるうえでも大切である．

電子は電子殻に入る

原子の中の電子はいくつもの層状になった**電子殻**に入っている（図1・3a）．電子殻は原子核に近いほうから順にK殻，L殻，M殻，…とアルファ

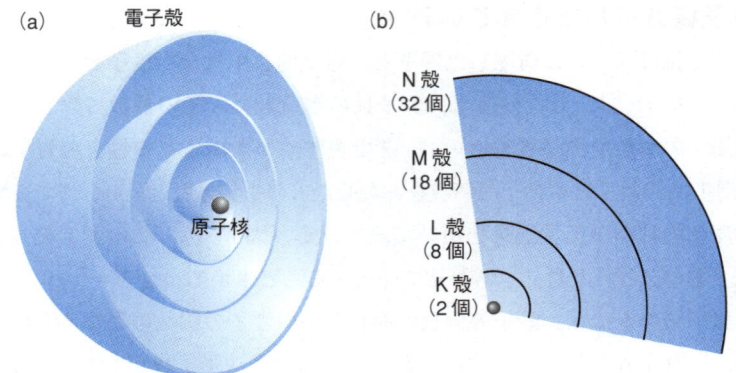

図 1・3 原子の断面（a）および電子殻の構造（b）

ベットの順に名前が付けられている．電子はどれかの電子殻に入らなければならないが，各電子殻には入ることのできる定員が決まっている．その定員は図1・3(b) に示したように，K殻2個，L殻8個，M殻18個，…というものである．したがって，水素の1個の電子はK殻に入るが，炭素の6個の電子は，2個がK殻に入り，残り4個はL殻に入ることになる（図1・6参照）．

電子殻には軌道がある

電子殻はいくつかの**軌道**に分かれている．軌道には多くの種類があり，それぞれ固有のエネルギーをもっている．いくつかの軌道と電子殻のエネルギーを図1・4に示した．

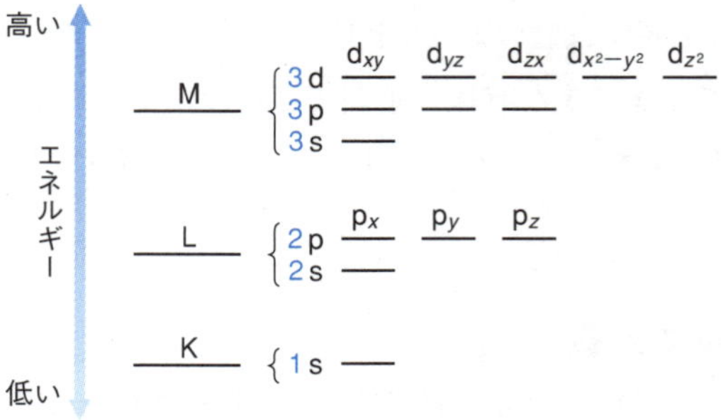

図 1・4 電子殻のエネルギーと軌道のエネルギーの関係

K殻にはs軌道だけが存在するが，L殻にはs軌道とp軌道の2種類，M殻にはs，p，dの3種類の軌道が存在している．さらに，s軌道は1本，p軌道は3本，d軌道は5本の軌道からなっている．

K殻のs軌道，L殻のs軌道などを区別するため，K殻に属するものに1，L殻，M殻…に属するものには，それぞれ2，3…，の数字を付けて1s軌道，2s軌道などと表現する．

図1・4では上にいくほどエネルギーが高く，下にいくほどエネルギーは低くなっている．そして，エネルギーの低い軌道ほど安定である．つまり，K殻に入っている電子がもっとも安定な状態にある．

軌道に入った電子が原子核のまわりの空間にどのように存在するかを表したものを**存在確率**という．この電子の存在する確率を表したものが，"軌道の形"である．図1・5にいくつかの軌道の形を示した．

粒子としての電子の位置は定まらず，その位置は電子雲としてしか考えられない．この粒子としての電子と，電子雲としての電子をどうように結び付ければよいのか．この両者を結び付けるわかりやすい例がある．電子のスナップ写真を撮ればよい．電子は動き回る．おのおのの写真には違う位置で写るだろう．このようなスナップをn枚（nは無限大）撮って，1枚のポジに重ね焼きする．電子が写った回数に応じて点が増え，雲のようになるだろう．

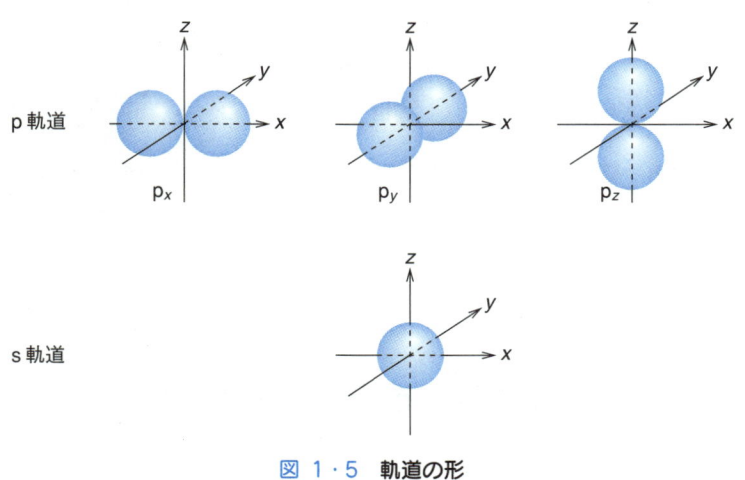

図 1・5　軌道の形

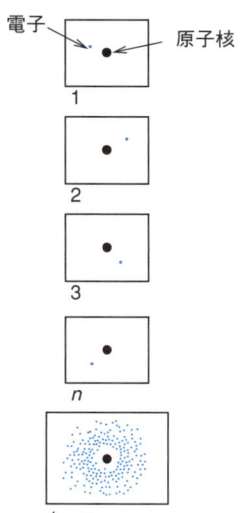

電子が軌道に入るための約束

電子が軌道に入るときには下に示した約束がある．
1. エネルギーの低い軌道から入る．
2. 1本の軌道には2個以上入ることはできない．
3. 1本の軌道に2個の電子が入るときには自転（スピン）の向きを逆にする．

この約束に従って，原子の電子がどの軌道に入っているかを表したものを**電子配置**という．いくつかの原子の電子配置を図 1・6 に示した．1 本の軌道に 1 個だけで入っている電子を**不対電子**，2 個入っている電子を**非共有電子対**とよぶ．後述するように，前者の不対電子が結合に大きくかかわっている．

電子は自転（スピン）している．この向きには，右向きと左向きがある．自転している方向の違いは，矢印の向きによって表される．矢印の向きは，右回りが下向きに対応するということではなく，区別するために用いているだけである．

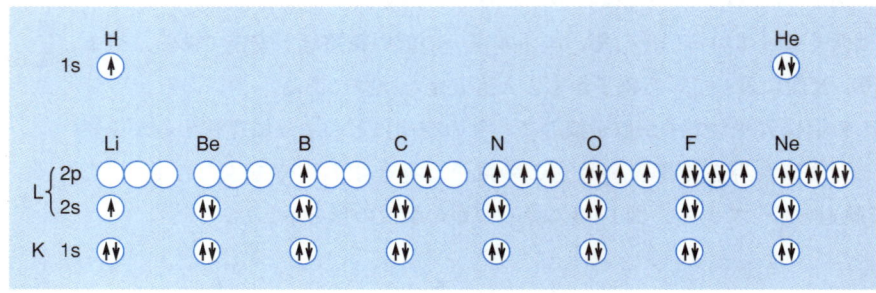

図 1・6　電子配置

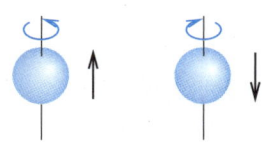

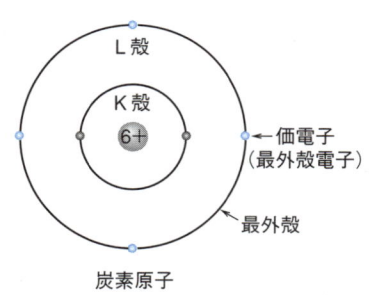

炭素原子

有機化学に登場する原子の多くは L 殻の 2s，2p 軌道に電子をもっており，この L 殻が電子の存在する最も外側の殻となっている．このように最も外側の電子殻に存在する電子を**価電子**，あるいは**最外殻電子**といい，原子の性質を決定している．

3. 有機分子をつくる共有結合

原子は何個か集まって分子をつくる．このとき，原子同士を結び付ける力が**結合**である．結合には多くの種類があるが，有機分子をつくる結合はおもに共有結合である．

共有結合は電子を共有する

共有結合で結合した典型的な分子は水素分子 H_2 である．2 個の水素原子 H が近づいて，水素分子になる過程を模式的に図 1・7(a) に示した．水素原子の電子は 1s 軌道に入っている．この 1s 軌道を，原子に属する軌道な

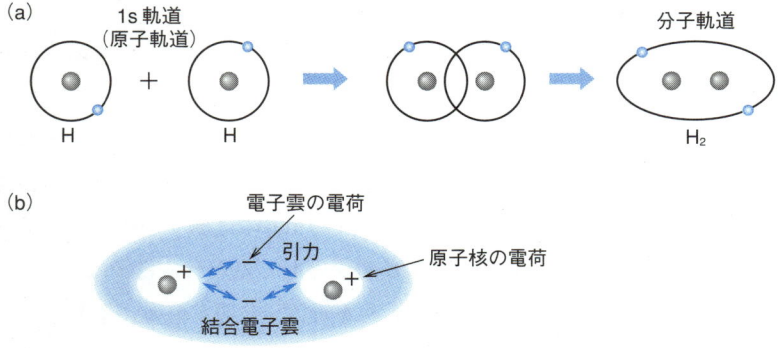

図 1・7 水素分子のできる過程（a）および結合電子雲（b）

ので，特に**原子軌道**ということがある．

　2個の水素原子が近づくとこの原子軌道が接近し，やがて重なるようになる．そして，最終的に水素分子ができると1s軌道の原子軌道は姿を消し，代わって分子全体を取囲む新しい軌道ができる．この軌道を，分子に属する軌道なので，特に**分子軌道**という．

　2個の水素原子に属した合計2個の電子は，この分子軌道に入る．分子軌道は両方の原子の間に広がっているので，2個の電子はどちらか一方の原子に属することはなくなり，両方の原子によって共有されることになる．このため，この結合を**共有結合**という．

共有結合はどのように結合するのか

　図1・7(b) は水素分子の分子軌道に入った電子の様子を示したものである．電子は両水素原子の原子核を取囲むように存在するが，特に両原子の中間の領域にたくさん存在する．電子は電気的にマイナスであり，原子核はプラスである．したがって，両原子核は中間にある電子雲をちょうど糊（接着剤）として結合したような様子になる．そのため，この電子を特に**結合電子雲**という．

　このように，結合する原子の中間に結合電子雲が存在することが，共有結合の本質である．

原子に属する軌道（原子軌道）が集まって分子に属する軌道，すなわち分子軌道ができる．これは2匹のハムスター（原子軌道）がモルモット（分子軌道）に変身するようなものである．

原子軌道　　原子軌道
（ハムスター）

↓ ボン！

分子軌道
（モルモット）

共有結合は原子の握手

上の説明は理論的な説明である．しかし簡単に考えれば，共有結合は原子同士の握手のように考えることもできる．

握手をするためには手が必要である．これを"結合手"という．水素分子を例にとると，両方の水素原子が出し合って共有した電子が互いの結合手になる．このように共有結合では，原子は互いに1個ずつの電子の手を差し伸べて握手する．したがって，結合手として使われる電子は1本の軌道に1個だけ入っている電子，すなわち不対電子に限られる．不対電子を何個もっているかによって原子の結合手の本数は異なる．いくつかの原子の結合手の本数を表1・2にまとめた．

結合手を1本ずつ差し出して握手したのが**単結合（一重結合）**である．原子は2本，3本の手を出し合って強固な握手をすることもある．互いに2本，3本ずつの手を差し出した握手が**二重結合**，**三重結合**である．

イオン結合

イオン結合も有機分子を構成することのある大切な結合の一つである．原子は電気的に中性であるが，原子から電子を取去ると，全体としてプラスの電荷をもつようになり，**カチオン（陽イオン）**になる．逆に，原子が電子を受け取ると，マイナスの電荷をもち，**アニオン（陰イオン）**となる．

図1に示すように，イオン結合の代表例として食塩（塩化ナトリウム）があげられる．食塩はプラスに荷電したナトリウムイオン Na^+ とマイナスに荷電した塩化物イオン Cl^- からできている．カチオンとアニオンの間には静電引力（クーロン力の一種）が働く．これが**イオン結合**の本質である．

したがって，カチオンのまわりにあるアニオンはその個数に関係なく，すべてカチオンに引き付けられ，そして結合する（**不飽和性**）．この力は，両イオン間の距離に影響されるだけで，方向は関係ない（**無方向性**）．この不飽和性と無方向性は共有結合と比べた場合，イオン結合の大きな特徴となる．

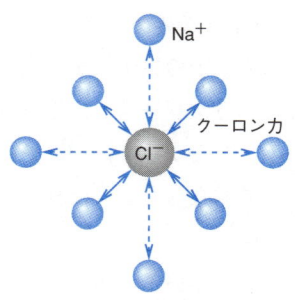

図1 食塩中で働く力

1. いろいろな有機分子ができるわけ　13

表 1・2　結合手の本数

原　子	H	C	O	N	F	Cl
不対電子数	1	2(4)*	2	3	1	1
結合手	1	4	2	3	1	1

* 混成状態では不対電子が4個となる．

σ 結合と π 結合

　共有結合には，"σ（シグマ）結合"と"π（パイ）結合"の2種類がある．σ結合は強固で分子の骨格をつくる結合であり，π結合は分子の性質や反応性などに大きな影響をもつ結合である．単結合はσ結合だけからできている．それに対して，二重結合や三重結合はσ結合とπ結合が組合わさってできている．

σ結合はみたらしの突き刺し合い

　2本のp軌道がつくる結合を考えてみよう．p軌道は串に刺した2個のお団子，みたらしに似ている．2個のお団子の中間に原子核が存在する．ここでは，みたらしを例にとって結合を考えてみよう．

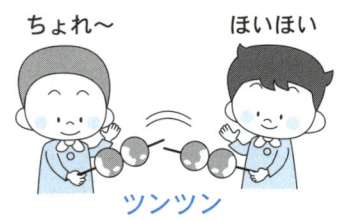

　図1・8(a)のように，2本のみたらしが互いに，自分の串で相手を突き刺すように結合したのが**σ結合**である．結合した2個の原子核を結んだ線を**結合軸**という．σ結合の結合電子雲は，結合軸のまわりに紡錘状に存在する．

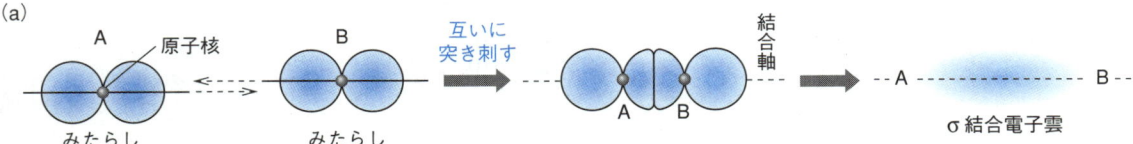

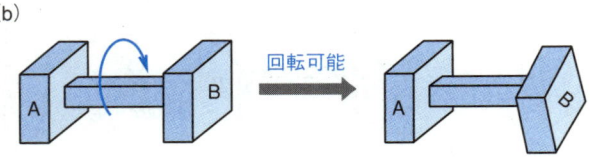

図 1・8　σ結合

図 1・8(b) の積み木細工のようなものは，2個の原子A，Bがσ結合している様子を表す．原子Aを固定して原子Bを回転させても，紡錘形の結合電子雲は何の影響も受けない．これは，σ結合が回転（ねじり）によって影響されない，すなわち，回転可能なことを意味する．これはつぎに述べるπ結合に比べて，σ結合の大きな特徴である．

π結合は回転できない

図 1・9(a) に示すように，2本のみたらしをお皿に平行にのせてみよう．このまま，両方を中央に転がせば，2本のみたらしはお団子の横腹を接してくっ付くことになる．これも結合であり，**π結合**という．

この例えからわかるように，π結合は結合軸の上下2箇所で接着していることになる．この2箇所の接着がそろってはじめて，π結合になるのである．

π結合している2個の原子A，Bのうち，Aを固定してBを回転させたらどうなるだろうか．図 1・9(b) に見るように，みたらしは離れる．すなわち，π結合は回転すると切断される，すなわち回転できないことになる．

結 合 の 強 度

σ結合とπ結合の強度を比較すると，σ結合のほうが強い結合である．これはσ結合を切断するには，π結合を切断するより大きなエネルギーを

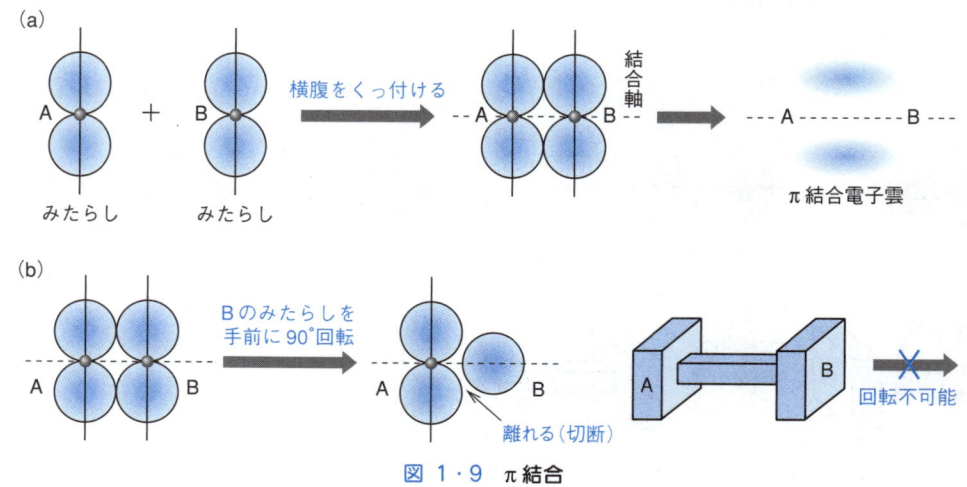

図 1・9 π結合

必要とすることを意味する．このように，結合を切断するために要するエネルギーを**結合解離エネルギー**あるいは**結合エネルギー**という．

単結合，二重結合，三重結合

炭素と炭素の間の結合には単結合，二重結合，三重結合などがある．表1・3に示すように，単結合はσ結合からできている．それに対して，二重結合は1本のσ結合と1本のπ結合で二重に結合している．しかし，結合解離エネルギーは単結合の2倍ほど大きくはない．それは，π結合がσ結合より弱いからである．三重結合は1本のσ結合と2本のπ結合からできている．二重結合と三重結合を特に**多重結合**ということもある．

表 1・3 各結合の構成

結合	結合
単結合	σ結合
二重結合	σ結合 + π結合
三重結合	σ結合 + π結合 + π結合

4. 混成軌道がさまざまな形の分子を生み出す

図1・6に示した炭素原子の電子配置によれば，炭素は不対電子を2個しかもっていないので，結合手は2本と考えられる．しかし実際には，炭素原子は4個の水素と結合して有機分子であるメタンCH_4をつくる．これは炭素原子が"混成軌道"をつくるためである．

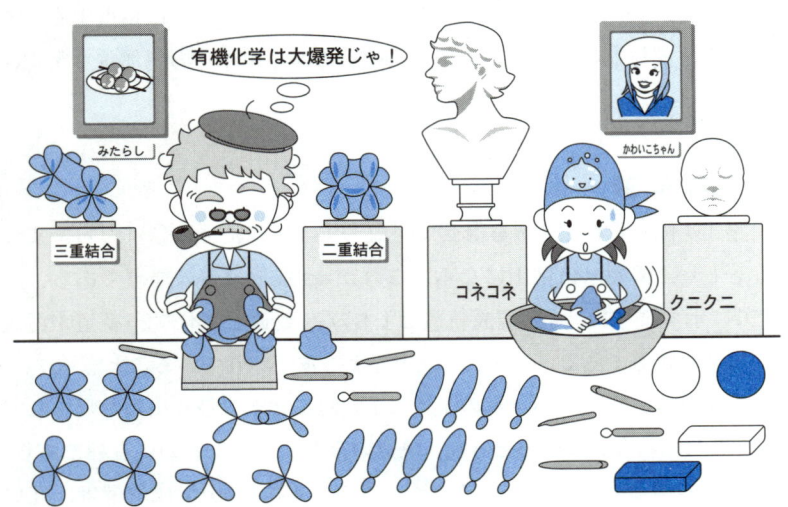

混成軌道はいろいろな分子をつくる素材である

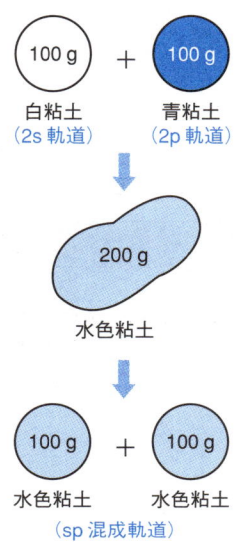

混成軌道の考え方

混成軌道とは，原子に存在するs軌道，p軌道を再編成してつくった新しい軌道である．

粘土を例にするとわかりやすい．1本の2s軌道を白粘土，1本の2p軌道を青粘土としよう．どの粘土も1個の重さを100gとする．いま，白粘土1個と青粘土1個を混ぜて，新しい2個の粘土をつくるとしよう．青と白の混じった新しい粘土は，両方の色の中間の水色となる．そして，用いた粘土は合わせて200gの粘土であるので，混ぜた後にできる新しい固まり（混成軌道）も2個しかできない．

混成軌道の性質とエネルギー

上で見たことは，1本の2s軌道と1本の2p軌道から新しい混成軌道（この場合，sp混成軌道）が2本できたことを意味する．混成軌道は原料軌道と同じ本数（2本）だけできることになる．

このように，原子の電子軌道を再編成することを**軌道混成**，その結果できた軌道を**混成軌道**という．

いま，青の粘土は1個200円，白の粘土は1個100円としてみよう．新しくできた水色の値段はいくらになるだろうか．青と白の粘土の値段の平均をとって，150円になる．これが混成軌道のエネルギーに相当する．すなわち，混成軌道のエネルギーは原料軌道のエネルギーの（加重）平均になる．

sp³ 混 成 軌 道

白粘土1個と青粘土3個を混ぜて，改めて4個の粘土に分けたら，まったく等しい4個の水色粘土になる．これがsp^3混成軌道の原理である．図1・10に示すように，**sp^3混成軌道**は1本の2s軌道と3本の2p軌道が混成してできた軌道である．sp^3の3はp軌道が3本使われていることを示す．

混成軌道は，野球のバットのように1方向に大きく張り出した形をしている．これは結合をつくるときに，軌道の重なりをつくるのに有利であり，このため強固な結合をつくることができる．4本のsp^3混成軌道は，互いに109.5度の角度をもつ．これは正四面体の頂点方向を向く角度である．

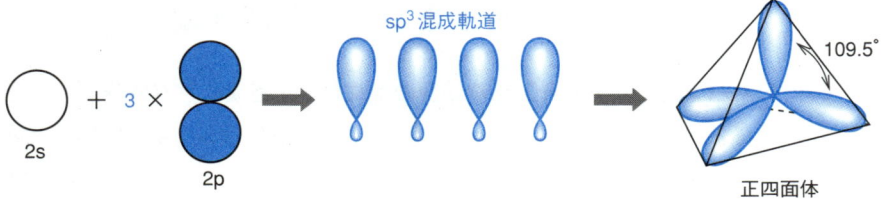

図 1・10 sp³ 混成軌道

メタンの結合状態

図 1・11(a) のように各 sp³ 混成軌道は同じエネルギーをもつので,炭素の 4 個の価電子は 4 本の混成軌道に 1 個ずつ入る.そのため,炭素の不対電子の個数は 4 個となり,炭素はまったく同じ結合手を 4 本もつことになる.この結合手を使って結合したのが,メタン CH_4 である.

メタンの結合角 ∠HCH は 109.5 度であり,水素原子を結んだ形は正四面体となる(図 1・11b).メタンの C−H 結合の結合電子雲は C−H 結合軸に沿って存在し,結合は回転できる.すなわち,C−H 結合は σ 結合である.

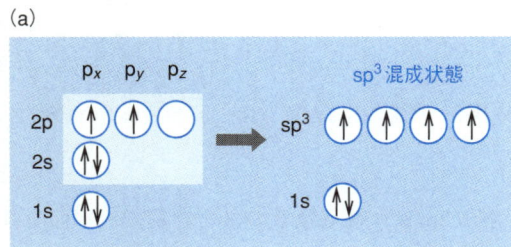

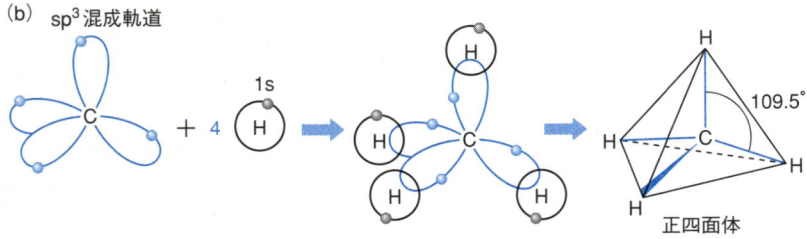

図 1・11 sp³ 混成状態の炭素原子の電子配置 (a) およびメタンの構造 (b)

5. 多重結合をつくる混成軌道

炭素原子間に二重結合，三重結合の多重結合を構成し，有機分子の性質や反応性に大きく影響するのがπ結合である．π結合は，sp^2あるいはsp混成状態の炭素が形成する結合であり，図1・9で見たようにp軌道の間で構成される．

sp^2 混 成 軌 道

1本の2s軌道と2本の2p軌道からできた混成軌道が，図1・12に示した**sp^2混成軌道**である．sp^2混成軌道の形はsp^3混成軌道と同様に，一方に大きく張り出した形をしている．3本の混成軌道は，一平面上に互いに120度の角度で広がる．

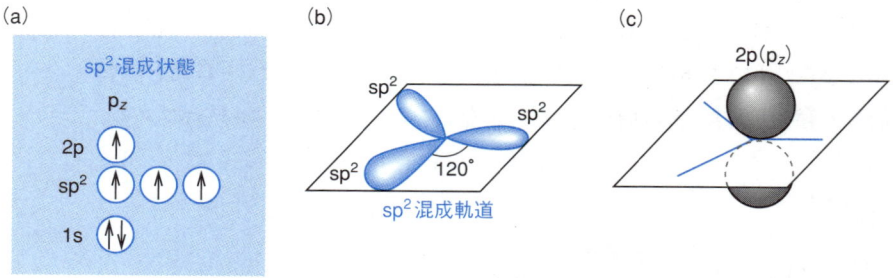

図 1・12 sp^2混成軌道．(a) sp^2混成状態の炭素の電子配置，(b) sp^2混成軌道の配置，(c) 2p軌道

混成に関係しなかった1本の2p(p_z)軌道はそのままの形で，平面を垂直に突き刺す形で存在する．sp^2混成軌道を用いて結合する分子にとって大切なのは，この2p軌道の存在である．

エチレンの結合状態

sp^2混成軌道で結合する代表的な分子はエチレン$H_2C=CH_2$である．

エチレンは図1・13(a)に示すように，2個の炭素が，3本の混成軌道のうちの1本を使ってσ結合し，残る各2本の混成軌道で水素とσ結合している．したがってエチレンは平面状の分子であり，結合角はすべて120度

1. いろいろな有機分子ができるわけ   19

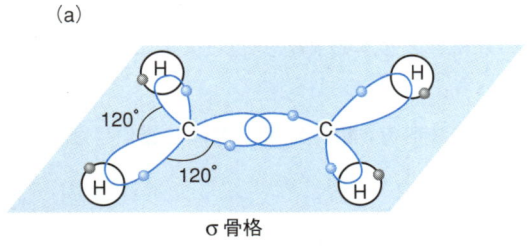
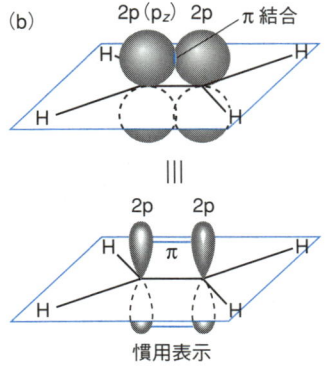

図 1・13　エチレンの構造 (a) および π 結合 (b)

である．この図のように，分子の σ 結合部分だけを取出したものを，特に **σ 骨格** ということがある．

sp² 混成は π 結合をつくる

sp² 混成に関係しなかった $2p(p_z)$ 軌道を考えてみよう（図 1・13b）．エチレンの 2 個の炭素上にある 2 本の 2p 軌道は，平面を突き刺すように存在し，互いに平行である．この関係は「4. 混成軌道がさまざまな形の分子を生み出す」で見た π 結合の関係である．すなわち，この 2 本の 2p 軌道は互いに横腹を接して，π 結合を形成するのである．

この結果，エチレンの炭素は σ 結合と π 結合とで二重に結合することになる．これが **二重結合** である．

π 結合の電子雲は，エチレン分子平面の上下に分かれて存在する．π 結合は回転できないので，π 結合を含む二重結合も回転できないことになる．

sp 混 成 軌 道

1 本の 2s 軌道と 1 本の 2p 軌道からできるのが，図 1・14 に示した **sp 混成軌道** である．2 本の混成軌道の角度は 180 度である．混成に関係しなかった 2 本の 2p 軌道は，互いに直角に交わる（直交する）ように存在する．

sp 混成の炭素がつくる分子の典型はアセチレン HC≡CH である．アセチレンの結合状態を図 1・15 に示した．アセチレンは直線状の分子であり，

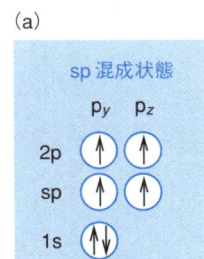
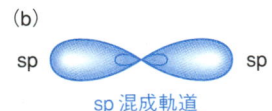
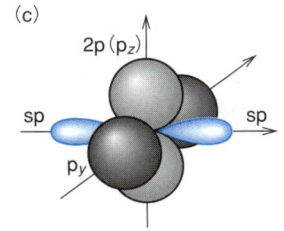

図 1・14　sp 混成軌道．(a) sp 混成状態の炭素の電子配置，(b) sp 混成軌道の形，(c) 2p 軌道

炭素-炭素間には互いに直角に交わる2本のπ結合が存在する．したがって，この結合は1本のσ結合と2本のπ結合とで三重に結合した結合となる．これを**三重結合**という．

三重結合を構成する2本のπ結合の電子雲は，互いに流れ寄って円筒状の電子雲となる．

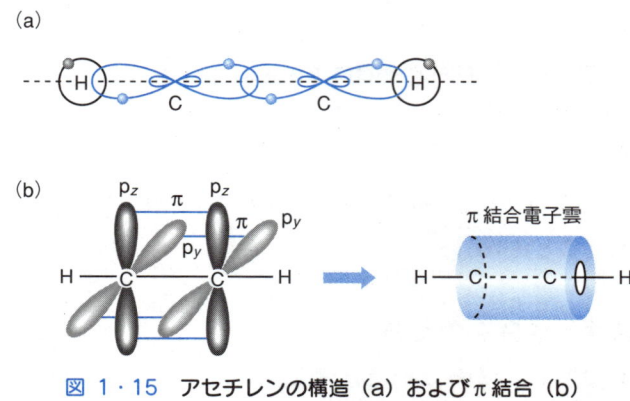

図 1・15　アセチレンの構造（a）およびπ結合（b）

6. 分子間にも結合がある

原子の間に結合があるように，分子間にも力が働く．このような力を**分子間力**という．分子間力にはいろいろな種類が知られているが，ここでは水素結合，疎水性相互作用とファン デル ワールス力を紹介する．

水 素 結 合

水分子を構成する水素原子と酸素原子では，電気陰性度に差がある．**電気陰性度**とは，原子が電子を引き付ける強さを表した数値である．電気陰性度は周期表で右へいくほど，また，上にいくほど大きくなる．酸素の電気陰性度（3.5）は水素（2.1）より大きい．この結果，図1・16（a）に示すように，O−H結合の結合電子雲は酸素側に引き寄せられる．このため，酸素はいくぶんマイナスに，水素はいくぶんプラスに荷電することになる．これをδ（デルタ，0＜δ＜1）で表し，それぞれδ−，δ+と書く．

H 2.1	C 2.5	N 3.0
O 3.5	F 4.0	P 2.1
S 2.5	Cl 3.0	Br 2.8

有機分子でよく見られる元素の電気陰性度

このような分子を**極性**をもつ分子（**極性分子**）という．図1・16(b)に示すように，プラスに荷電した水素とマイナスに荷電した酸素の間には静電引力が働く．これが**水素結合**である．液体の水では何個かの水分子が水素結合によって結合している．このように分子が集団をつくることを**会合**という．

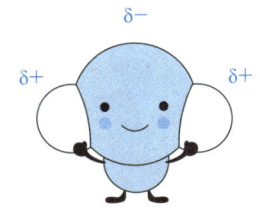

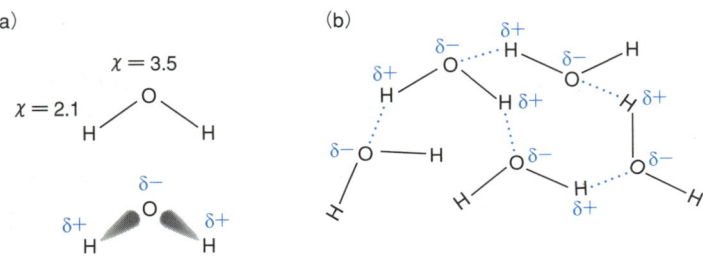

図1・16　水分子の水素結合．χは電気陰性度

また，有機分子を形づくる主要な原子である炭素の電気陰性度は2.5であり，酸素の電気陰性度3.5よりも小さいので，C−OやC＝O結合では，酸素はいくぶんマイナスに，炭素はいくぶんプラスに荷電する．この結果，酢酸（酢は酢酸の3％の水溶液）などの有機分子においても水素結合が形成されることになる．図1・17では，酢酸2分子が会合している．

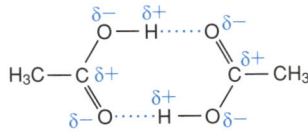

図1・17　酢酸の水素結合

遺伝情報の担い手であるDNAは，長い2本の鎖状分子が寄り合わさってできた"二重らせん"構造をもっている．この二重らせんの形成にも水素結合が大きな役割を果たしている．

DNAは，基本鎖部分とアデニン（A），グアニン（G），シトシン（C），チミン（T）とよばれる4種類の塩基からなっている．これらの塩基には相性があり，AとT，GとC同士が水素結合によって結び付いている（図1・18）．また，基本鎖部分は酸素を含んだ5員環部分（糖）とリン酸部分が交互に並んだ構造となっている．

疎水性相互作用

図1・19のように，油などの水をきらう分子（**疎水性分子**）が水と触れると，これらの疎水性分子が水を避けるようにして集団になる．集団の外側は水分子に触れてしまうが，内側の分子は触れないですむ．この状態は

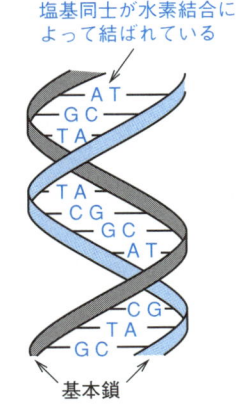

図1・18　DNAの構造

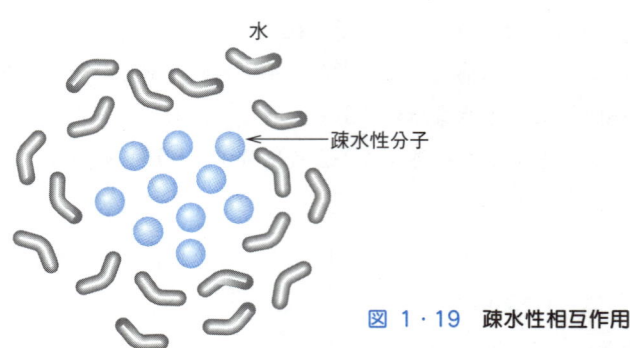

図 1・19 疎水性相互作用

疎水性分子が互いに引き寄せ合っているように見える．これを**疎水性相互作用**という．

ファン デル ワールス力

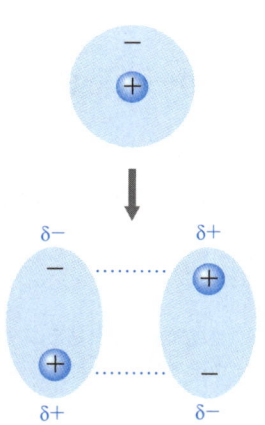

図 1・20 ファン デル ワールス力

　ファン デル ワールス力は，原子や分子の間に働く引力として有名なものである．**ファン デル ワールス力**には，水素結合のように静電引力によるものと，そうでないものがある．後者を特に**分散力**という．しかし，分散力も原子のプラス部分とマイナス部分がずれることによる引力であり，結局は静電引力である．

　図1・20に示したように電子雲の中心と原子核が一致していれば，原子はあらゆるところで電気的に中性であるが，電子雲がどちらかに"ゆらぐ"と，原子にプラス部分とマイナス部分が生じる．すると，この電荷に誘導されて隣の原子にも電荷が現れ，両者の間に静電引力が働くのである．この結果，電気的に中性の原子や分子の間にも引力が生じることになる．

　分散力は分子と分子を引き付け，液体や固体といった状態，すなわち凝集状態をつくる原因となっている．たとえば，ネオンやアルゴンなどの希ガスや，ベンゼン，ナフタレンなどの有機分子は分散力によって結晶になる．

II

有機分子の構造を知る

2 基本的な有機分子の構造

　有機分子の基本的な骨格は炭素原子と水素原子からできている．炭素と水素のみからできた分子を**炭化水素**という．炭化水素を構成する炭素原子は何個も何百個も連なって長い鎖をつくり，そこに水素が結合する．この炭素の鎖は1本のまっすぐなものだけではなく，複雑に枝分かれをするし，さらには環状にもなる．

　また，炭素鎖を構成する結合の種類にもいろいろある．単結合，二重結合，三重結合，あるいは単結合と二重結合が一つおきに並んだ結合などもある．

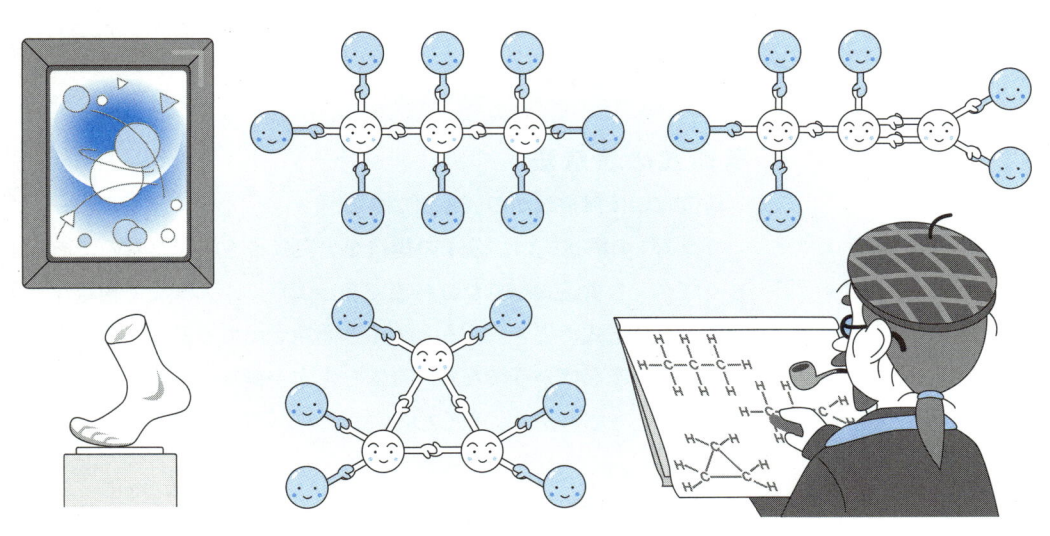

構造式を書いてみよう

このような炭化水素の構造は，分子の形や大きさなどを決定するばかりでなく，性質や反応にも影響する．よって炭化水素の構造を知ることは，多くの有機分子の性質を知るうえでの大切な第一歩となる．

1. 構造式は分子のプロフィール

分子を構成する原子の種類と個数を表した記号を**分子式**という．水でいえば，H_2O である．しかし，分子式は原子の並び方は教えてくれない．

分子を構成する原子がどのような順序で並び，互いにどのような結合で結合し，分子の形がどのようになっているかを示した図を**構造式**という．水の場合なら，H－O－Hが構造式である．

炭化水素の構造式を書いてみよう

炭化水素は炭素と水素が結合したものである．炭素の結合手は4本，水素の結合手は1本である．この関係を満足するようにして，炭素と水素が結合した図を書くことは難しいことではない．

表2・1に示した構造は，このようにして結合させた炭化水素の構造式である．メタン，エタン，プロパン，ブタンは炭素原子間の結合を単結合に限定した構造，プロペン（プロピレン）は二重結合を含んでおり，ベンゼンは環状になっている．

構造式の表示法

構造式には何種類かの表示法がある．

カラム1の構造式は，分子の構造を忠実に書き表したものである．しかし，ブタンの構造式を見れば推測できるように，大きくて複雑な分子をこのような構造式で書き表そうとすると問題が出てくる．構造式を書くための労力が大変なばかりでなく，炭素と水素が複雑に重なり合って，分子の構造がかえってわかりにくくなる．

構造式の簡略化

複雑な分子の構造式を簡単にわかりやすくするために，工夫と簡略化を

行う．

　カラム2はそのようなものの一つである．炭素から結合手を伸ばして水素を書く代わりに，炭素ごとに水素と一まとめにしてCH$_3$，CH$_2$と表す．これでも，構造は十分にわかる．カラム3はさらに進んだ簡略化である．ブタンの構造式を見ていただきたい．CH$_2$-CH$_2$をまとめて(CH$_2$)$_2$としてある．

　究極の簡略化は，カラム4である．ここでは元素記号のCやHは姿を消す．直線ばかりである．ここでの約束はつぎのようなものである．

表 2・1　炭化水素の構造式

名称	1	2	3	4
メタン	H–C(H)(H)–H			
エタン	H–C(H)(H)–C(H)(H)–H	CH$_3$–CH$_3$	CH$_3$CH$_3$	
プロパン	H–C(H)(H)–C(H)(H)–C(H)(H)–H	CH$_3$–CH$_2$–CH$_3$	CH$_3$CH$_2$CH$_3$	∧
ブタン	H–C(H)(H)–C(H)(H)–C(H)(H)–C(H)(H)–H	CH$_3$–CH$_2$–CH$_2$–CH$_3$	CH$_3$(CH$_2$)$_2$CH$_3$	∧∨
プロペン	H–C(H)(H)–C(H)=C(H)–H	CH$_3$CH=CH$_2$	CH$_3$CHCH$_2$	∧
ベンゼン	(ベンゼン環構造式)			⬡ / ⬡(◯)

表2·1のカラム1が分子の写真とすれば，カラム4は特徴をつかんだ似顔絵というところであろう．

カラム1

カラム4

ベンゼンでは，簡略化した構造式が二通りある．これについては，「6. 芳香族化合物の構造」で述べる．

1. 直線の始めと終わり，および屈曲点には炭素がある．
2. 各炭素には，結合手を満足するだけの水素が付いている．
3. 二重結合，三重結合はそれぞれ，二重，三重の線で表す．

　これでカラム4とカラム1の構造式は同じものを表していることになる．
　カラム4でのプロペンの構造式は，1本ずつの一重線と二重線が結合したものである．この折れ線の両端と中央の屈曲点に合計3個の炭素がある．炭素の結合手は4本だから，それを満足するように，水素原子を付ける．すると，一重線の端の炭素には3個，中央の炭素には1個，二重線の端の炭素には2個の水素が付くことになる．このようにして求めた構造は，間違いなく，カラム1の構造と同じものである．
　本書では特に理由がない限り，このカラム4の書き方に従うことにする．

2. アルカンの構造と名前

　アルカンには多くの種類があるが，それらはみな名前が決まっており，名前は構造を反映している．すなわち，構造が決まれば名前が決まり，名前がわかれば構造がわかる仕組みになっている．このような仕組みを"命名法"という．

アルカンの構造

　単結合だけで構成された炭化水素を**飽和炭化水素**，あるいは**アルカン**という．
　アルカン分子の両端の炭素には3個ずつの水素が結合し（CH_3），それ以外の炭素には2個ずつの水素が結合する（CH_2）．したがって，炭素数を n とすると水素数はその2倍，$2n$ 個に両端の2個を足した個数，すなわち $2n+2$ 個となる．したがって，アルカンの分子式は一般に C_nH_{2n+2} で表されることになる．
　図2・1には，代表的なアルカンの構造式とステレオ図を示した．

分子にはすべて名前が付いている．赤ちゃんの名前をどう付けるかは，基本的に親の権利である．しかし，分子の名前は勝手に決めることはできない．"国際純正および応用化学連合"（IUPAC）によって，厳密な命名法が決定されている．この命名法を **IUPAC命名法** という．

(a)

H−C(H)(H)−H　メタン CH$_4$

(b)

H−C(H)(H)−C(H)(H)−H　エタン C$_2$H$_6$

(c)

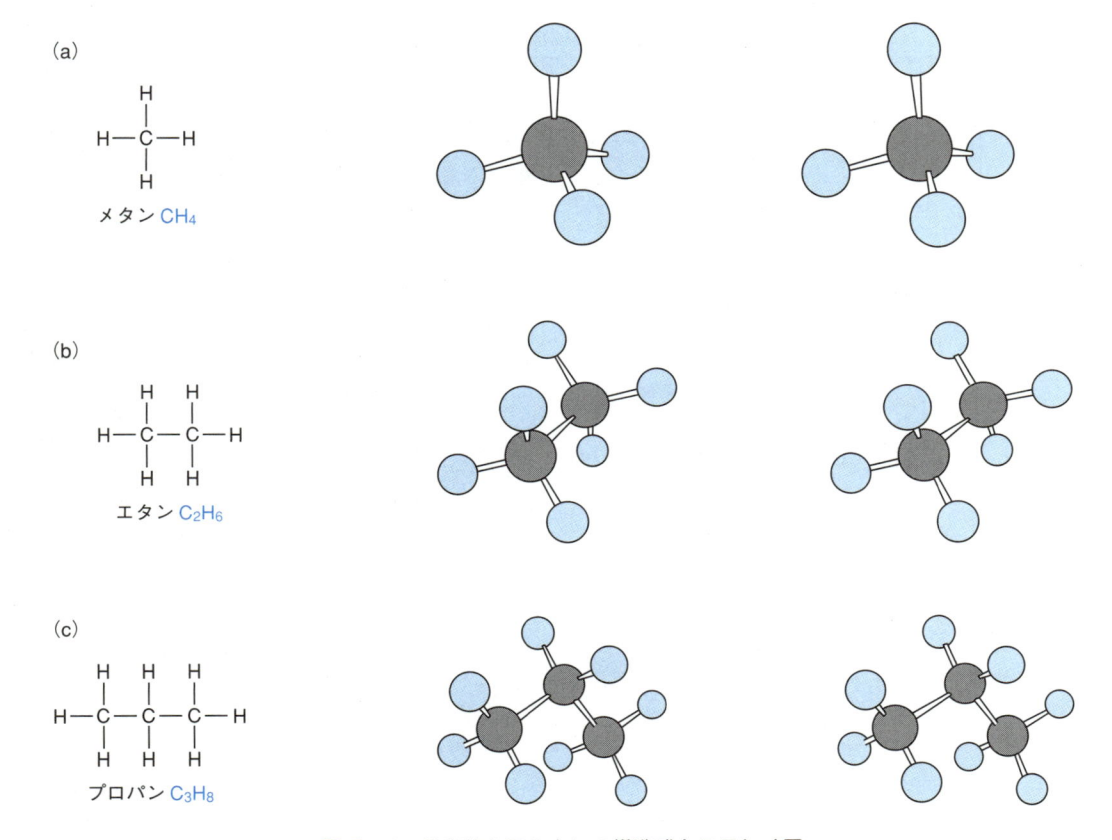

H−C(H)(H)−C(H)(H)−C(H)(H)−H　プロパン C$_3$H$_8$

図 2・1　代表的なアルカンの構造式とステレオ図

アルカンの命名法

　アルカンの名前は数詞をもとにして決められる．数詞とは，イチ，ニ，サン，あるいはワン，トゥ，スリーである．ただし，IUPAC命名法ではラテン語の数詞を用いる．ラテン語の数詞は表2・2に示したとおりである．
　アルカンの命名法は，炭素数を表す数詞の語尾にneを付けるというものである．たとえば炭素数5のアルカンは penta + ne = pentane であり，ペンタンとなる．ただし，炭素数1から4までのアルカンは，命名法が定まるまえに固有名が付いており，しかもその名前が広く使われていたので，これを正式名とすることにした．このような名前を"慣用名"という．

ステレオ図を見るとき，左右の図の中央を，遠くを見る目つきで見ると両方の図が重なり，遠近感のある図に見える．逆に近く，たとえば自分の鼻先を見るようにして見ても遠近感は得られるが，遠近は逆になる．

II. 有機分子の構造を知る

表 2・2 アルカンの命名法

炭素数	数詞	名前	構造	炭素数	数詞	名前	構造
1	mono モノ	methane メタン	CH_4	7	hepta ヘプタ	heptane ヘプタン	$CH_3(CH_2)_5CH_3$
2	di (bi) ジ, ビ	ethane エタン	CH_3CH_3	8	octa オクタ	octane オクタン	$CH_3(CH_2)_6CH_3$
3	tri トリ	propane プロパン	$CH_3CH_2CH_3$	9	nona ノナ	nonane ノナン	$CH_3(CH_2)_7CH_3$
4	tetra テトラ	butane ブタン	$CH_3(CH_2)_2CH_3$	10	deca デカ	decane デカン	$CH_3(CH_2)_8CH_3$
5	penta ペンタ	pentane ペンタン	$CH_3(CH_2)_3CH_3$				
6	hexa ヘキサ	hexane ヘキサン	$CH_3(CH_2)_4CH_3$	20	icosa イコサ	icosane イコサン	$CH_3(CH_2)_{18}CH_3$

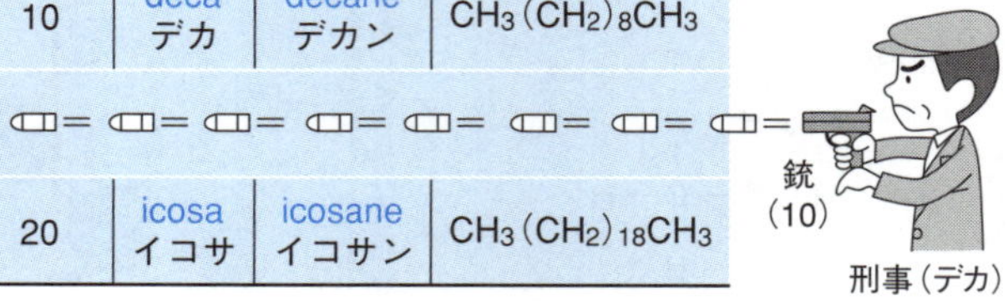

銃（10）
刑事（デカ）

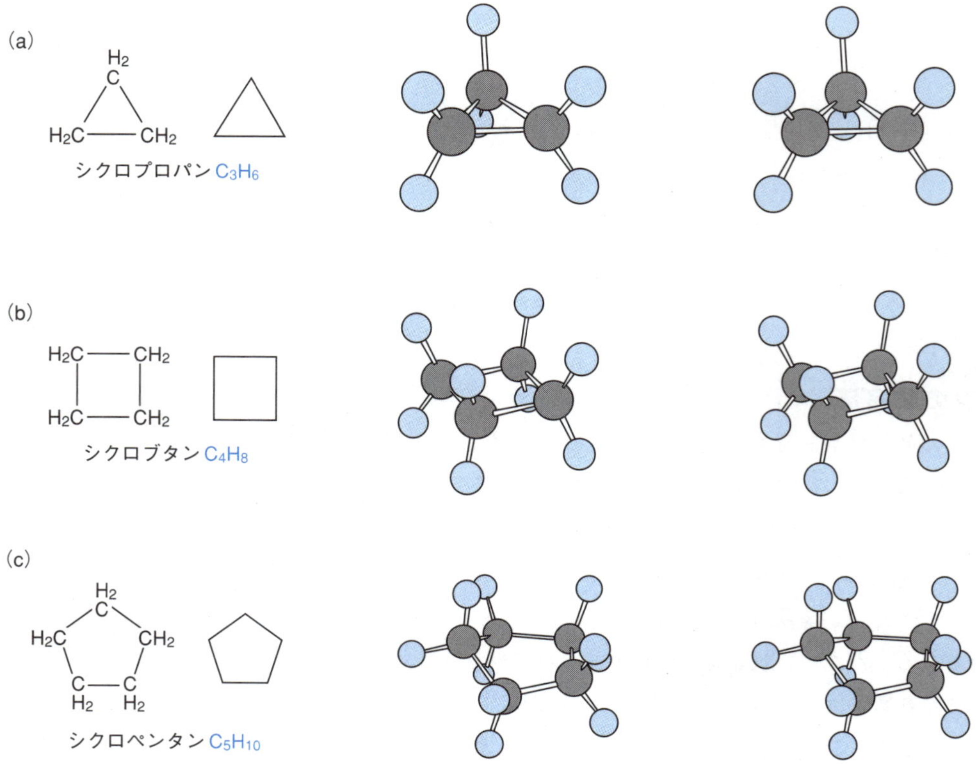

(a) シクロプロパン C_3H_6

(b) シクロブタン C_4H_8

(c) シクロペンタン C_5H_{10}

図 2・2　代表的なシクロアルカンの構造式とステレオ図

シクロアルカンの構造と名前

アルカンの炭素鎖の両端がつながって環状になったものを**シクロアルカン**という．シクロ（cyclo）は"環状"という意味である．シクロアルカン一般の分子式はアルカンより水素が2個減っているので，C_nH_{2n} である．

シクロアルカンの命名法は，同じ炭素数のアルカンの名前のまえに cyclo を付けるというものである．たとえば炭素数3のシクロアルカンは，炭素数3のアルカンの名前，プロパンのまえにシクロを付けてシクロプロパン（cyclopropane）となる．

図2・2に代表的なシクロアルカンの構造式とステレオ図を示した．

炭素が一直線につながったアルカンを**直鎖アルカン**，それに対して，分岐したものを**枝分かれアルカン（分枝アルカン）**ということがある．枝分かれアルカンの例をつぎに示した．

$$CH_3-\underset{\underset{CH_3}{|}}{CH}-CH_3$$

$$CH_3-\underset{\underset{CH_2-CH_3}{|}}{CH}-CH_2-\underset{\underset{CH_2-CH_3}{|}}{CH}-CH_2-CH_3$$

3. アルケンおよびアルキンの構造と名前

二重結合，三重結合を含む炭化水素を**不飽和炭化水素**といい，これらの名前は，アルカンの名前を基準として命名される（表2・3）．

エテンの慣用名として，エチレンが用いられてきた．しかしながら現在，エチレンは不飽和炭化水素名ではなく，炭化水素基 $-CH_2CH_2-$ の名称としてのみ使うことになっている．しかし本書では，親しみのあるエチレンという名称をひき続き使うことにする．

表 2・3 アルケン，アルキンの例

例		アルカン (alkane)	アルケン (alkene)	アルキン (alkyne)
	構造式	H-C(H)(H)-C(H)(H)-H	H(H)C=C(H)H	H-C≡C-H
	分子式	C_2H_6	C_2H_4	C_2H_2
	慣用名 IUPAC名	エタン (ethane)	エチレン エテン (ethene)	アセチレン エチン (ethyne)
	一般式	C_nH_{2n+2}	C_nH_{2n}	C_nH_{2n-2}

アルケン

二重結合を1個だけ含む炭化水素を**アルケン**という．二重結合を2個，3個含むものはそれぞれ**アルカジエン**，**アルカトリエン**といわれる．ジエン（diene）は二重結合（ene）が2個（di）存在するという意味であり，トリエン（triene）は二重結合が3個（tri）あるという意味である．

(a)

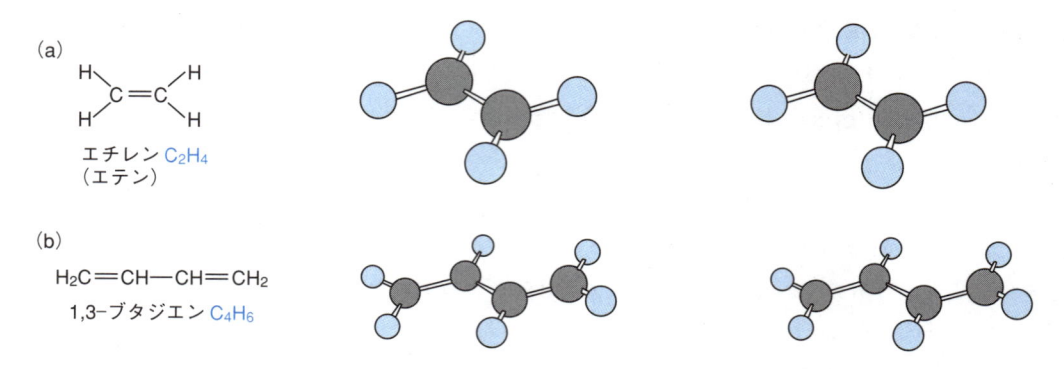

H₂C=CH₂
エチレン C₂H₄
（エテン）

(b)

H₂C=CH—CH=CH₂
1,3-ブタジエン C₄H₆

図 2・3　エチレン（a）およびブタジエン（b）の構造式とステレオ図

アルケンに含まれる水素の個数はアルカンより2個少なくなるので，アルケンの分子式は C_nH_{2n} である．

アルケンの名前は，同じ炭素数からなるアルカンの名前の語尾のaneをeneに変えればよい．たとえば，炭素数2のアルケンの名前は，相当するアルカンであるethane（エタン）の語尾aneをeneに変えて，ethene（エテン）となる．

図2・3にエチレン（エテン）およびブタジエンの構造式とステレオ図を示した．

環状アルケン

アルケンにも環状のものがある．環状のアルケンの名前は，環状アルカンの名前と同様に，同数の炭素数からなるアルケンの名前のまえにシクロ（cyclo）を付ければよい．

たとえば3個の炭素が環状になったアルケンは，炭素数3のアルケンであるプロペン propene のまえにシクロを付けてシクロプロペン（cyclopropen）となる．

シクロプロペンを構成する2個の炭素は sp^2 混成であり，結合角は120度である（図2・4）．三角形の内角は60度であるから，sp^2 炭素は無理な結合角をとっていることになる．

CH₂=CH—CH₃
プロペン

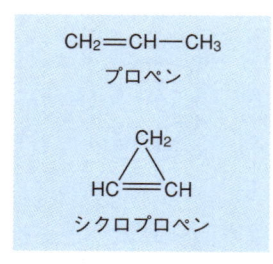

     CH₂
    /   \
   HC = CH
シクロプロペン

図 2・4　シクロプロペンの構造式

アルキン

三重結合を1個だけ含む炭化水素を**アルキン**という．アルキンの水素数はアルケンよりさらに2個少なくなるので，分子式は一般に C_nH_{2n-2} となる．

アルキンの名前は，同数の炭素を含むアルカンの語尾のane を yne に変えればよい．たとえば，炭素数2個のアルキンは ethyne（エチン）である．しかし，エチンは慣用名のアセチレンとよばれることが多い．

環状になったアルキンの命名法は，相当するアルキンのまえにシクロを付ければよい．

三重結合では，三重結合を構成する2個の炭素および，その炭素に結合した2個の炭素と，合計4個の炭素が直線状に並ばなければならないため，小さい環状化合物に三重結合を導入することは不可能である．7個の炭素が環状になったシクロアルキンであるシクロヘプチン（cycloheptyne）は最も小さい環状のシクロアルキンである．

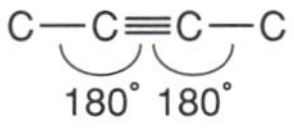

図2・5に代表的なアルキンの構造式を示した．

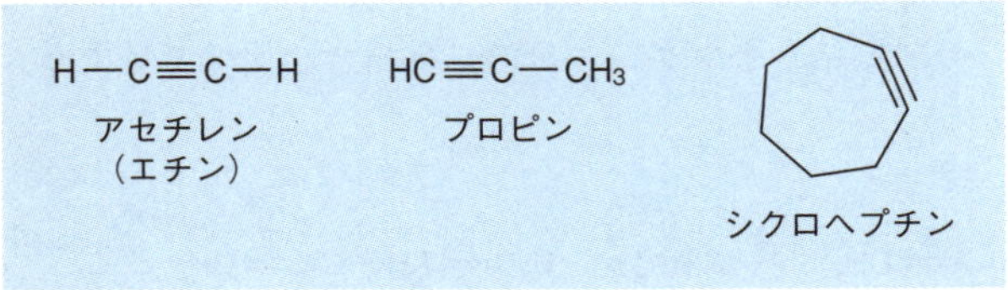

図 2・5 代表的なアルキンの構造式

> アセチレンと酸素の混合物を燃焼する酸素アセチレン炎は手軽に高熱（3000～4000 ℃）が得られるので，鉄板の切断，溶接などに使われる．

4. 共役化合物の構造

単結合と二重結合が一つおきに並んだ結合を**共役二重結合**といい，このような結合を含む化合物を**共役化合物**という．共役二重結合は，二重結合とも単結合とも異なる特殊な結合である．そのため，共役化合物は特有の性質と反応性をもつ．

共役二重結合

1,3-ブタジエンの炭素間結合は二重結合と単結合が交互に並んでいる．

34　II. 有機分子の構造を知る

```
H2C=CH—CH=CH2          H2C=CH—CH=CH—CH=CH2
  1   2   3   4           1   2   3   4   5   6
- - - - - - - - - - -     - - - - - - - - - - - - - - -
(H2C—CH—CH—CH2)       (H2C—CH—CH—CH—CH—CH2)
   1,3-ブタジエン              1,3,5-ヘキサトリエン
```

図 2·6　ブタジエンとヘキサトリエンの構造式

また，1,3,5-ヘキサトリエンの炭素間結合でも，3本の二重結合と2本の単結合が交互に並んでいる．図2·6にブタジエンとヘキサトリエンの構造式を示した．

共役二重結合を構成する炭素は，二重結合を構成する炭素と同様にsp^2混成である．したがって，ブタジエンでは4個のsp^2混成炭素が並んでいるのであり，ヘキサトリエンでは6個並んでいる．このように，共役二重結合はsp^2混成炭素が何個も連続した結合である．

2種類の二重結合

エチレンの二重結合とブタジエンの二重結合を比べて見よう（図2·7）．

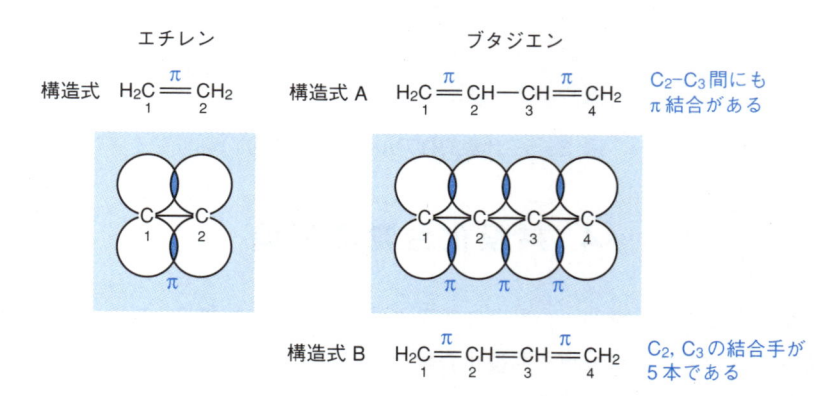

```
       エチレン                         ブタジエン
                                                            C2–C3間にも
構造式    H2C=CH2        構造式A   H2C=CH—CH=CH2       π結合がある
           π                            π           π
           1  2                      1   2   3   4
```

（軌道の図：エチレンはC1–C2間にπ結合，ブタジエンはC1–C2，C2–C3，C3–C4間にπ結合）

```
                         構造式B   H2C=CH=CH=CH2       C2, C3の結合手が
                                    π    π    π          5本である
                                  1    2    3    4
```

図 2·7　エチレンとブタジエンの二重結合の比較

エチレンの2個の炭素はsp^2混成であり，1本ずつのp軌道をもっている．この2本のp軌道がπ結合をつくってできたのが，エチレンのπ結合である．したがって，エチレンでは2本のp軌道で1本のπ結合をつくっている．

2. 基本的な有機分子の構造

ブタジエンは，構造式Aに示すように，C_1–C_2，C_3–C_4 間が二重結合であり，C_2–C_3 間は単結合である．

前項で見たように，ブタジエンの4個の炭素はすべて sp^2 混成であり，ブタジエンでは4本のp軌道が並ぶことになる．これは4本のみたらしが並んだのと同じことである．この状態では，4本のみたらしはすべて横腹をくっ付けて接着することになる．すなわち，π結合は C_1–C_2，C_3–C_4 間だけではなく，C_2–C_3 の間にも存在するのである．

これは，C_2–C_3 間は単結合ではなく，π結合の存在する二重結合だということを意味する．したがって，構造式Aはおかしいことになる．

不合理な構造式

構造式Bは，ブタジエンのπ結合の様子を正確に表したものである．前項の考察をもとに，C_1–C_2，C_2–C_3，C_3–C_4 間の結合をすべて二重結合にしてある．

しかし，この構造式では炭素の結合手の本数がおかしい．実際に数えてみよう．C_1 の結合手は2個の水素に2本，隣りの C_2 と二重結合なので2本，合計4本である．炭素の結合手は4本なのだから，何も問題はない．それでは，C_2 ではどうだろうか．両隣の炭素と二重結合しているので，これで4本．さらに1個の水素と結合しているのこれで1本．合計5本である．これはおかしい．

結局，構造式A，B，いずれもがおかしいことになる．それではどうすればよいのだろうか．

5. 共役二重結合のπ結合

共役二重結合のπ結合はエチレンのπ結合とは違うようである．どのように違うのか，この点をもう少し詳しく見てみよう．

π結合とp軌道

ブタジエンのπ結合は，C_1–C_2，C_2–C_3，C_3–C_4 の三箇所にある．エチレンと同じに考えれば，1本のπ結合をつくるためには2本のp軌道が必要で

ブタジエンには悪いが，指名手配の犯人になってもらおう．ブタジエンに対してつくられたモンタージュ写真が，図2・6の二つの構造である．どちらもブタジエンに似てはいるが，ちょっと違っているというわけである．

ある．したがって，ブタジエンの3箇所のπ結合のためには6本のp軌道が必要なはずである．ところが，ブタジエンには4本のp軌道しかない．これは，π結合2本分にすぎない．

すなわち，ブタジエンはπ結合2本分のp軌道で3本のπ結合をつくっていることになる．これは，π結合を橋に例えれば，原料を水増しした欠陥工事である．当然，橋の強度は弱くなる．

π結合の強度

表2·4は，エチレンとブタジエンで，π結合を構成するのに使ったπ軌道の本数を比較したものである．この表からわかるように，エチレンでは1本のπ結合に2本のp軌道を使っている．それに対して，ブタジエンでは4/3本のp軌道しか使っていない．これは，単純に考えればブタジエンのπ結合の強度は，エチレンのπ結合強度の2/3しかないということを意味する．

表 2·4 π結合の比較

	エチレン	ブタジエン	ベンゼン
p軌道	2	4	6
π結合	1	3	6
p軌道/π結合	2	$\frac{4}{3}$	1
相対強度	1	$\frac{2}{3}$	$\frac{1}{2}$
名　称	局在π結合	非局在π結合（共役二重結合）	

1本のσ結合と1本のπ結合が合わさって，1本の二重結合になる．してみれば，ブタジエンの結合は1本のσ結合と2/3本のπ結合が合わさったものなので，いわば"5/3重結合"というようなものである．

単結合でも，二重結合でもない，いわば，両者の中間のような結合といえる．このように，共役二重結合のπ結合は特殊な二重結合である．

非局在π結合

共役二重結合で大切なのは，共役二重結合のπ結合は，一箇所のみにと

どまっているのではなく，共役系全体に広がっているということである．これはエチレンのπ結合とは大きな違いである．

　共役二重結合のπ結合を，一箇所に局在しないので**非局在π結合**ということがある．それに対して，エチレンのπ結合を**局在π結合**という．次節で見る，ベンゼンを中心とした芳香族化合物のπ結合は，典型的な非局在π結合である．

　以上のことを理解したうえで，ブタジエンの構造は，前節の構造式Aで表す約束になっている．構造式を見たら，まず共役系があるかないかに注意しなければならない．もし共役系が存在していたら，単純な単結合，二重結合とは違うものだと理解しなければならない．

$H_2C=CH-CH=CH_2$

非局在π結合

$H_2C-CH-CH-CH_2$

上の構造式を見たら，下の実態である構造式を連想することが大切である．

6. 芳香族化合物の構造

　環状化合物で，環内に $2n+1$ 個（n は整数）の二重結合を含み，それが共役二重結合になっている化合物を**芳香族化合物**という．芳香族化合物は一般に安定であり，反応性に乏しい．

ベンゼンの構造

　芳香族の典型的な分子はベンゼンである（図 2·8）．ベンゼンの分子式は C_6H_6 であり，6個の炭素と6個の水素からなる．ベンゼンは，構造式Aに示すように環状化合物であり，環内に3個（$n=1$）の二重結合を含み，それが単結合と交互に並んで共役二重結合を構成している．

　ベンゼンの6個の炭素はすべて sp^2 混成である．したがって，図 2·8 の

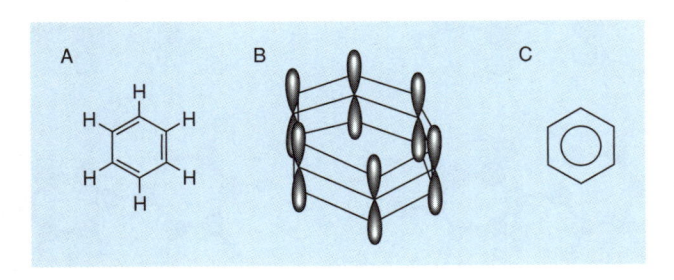

図 2·8　ベンゼン

表2・1でベンゼンの簡略化した構造式は二通りあった.ベンゼンの6本の結合がすべて等しいことを反映したものが,

$\bigcirc\!\!\!\!\!\bigcirc$

である.

Bのようにベンゼンでは6本のp軌道が環状に並んでいる.ブタジエンの場合と同様に,6本のp軌道はすべて隣のp軌道と横腹を接してπ結合をつくることになる.このため,ベンゼンの6本の炭素–炭素結合はすべてσ結合とπ結合とで構成される.しかし,6本のπ結合を構成するp軌道は6本しかない.そのため,すでに表2・4に示したように,ベンゼンのπ結合の強度はエチレンのπ結合の半分ということになる.したがって,ベンゼンの炭素–炭素結合は"1.5重結合"とでもいうような状態である.

このように,ベンゼンの6本の結合はすべて等しく,二重結合と単結合

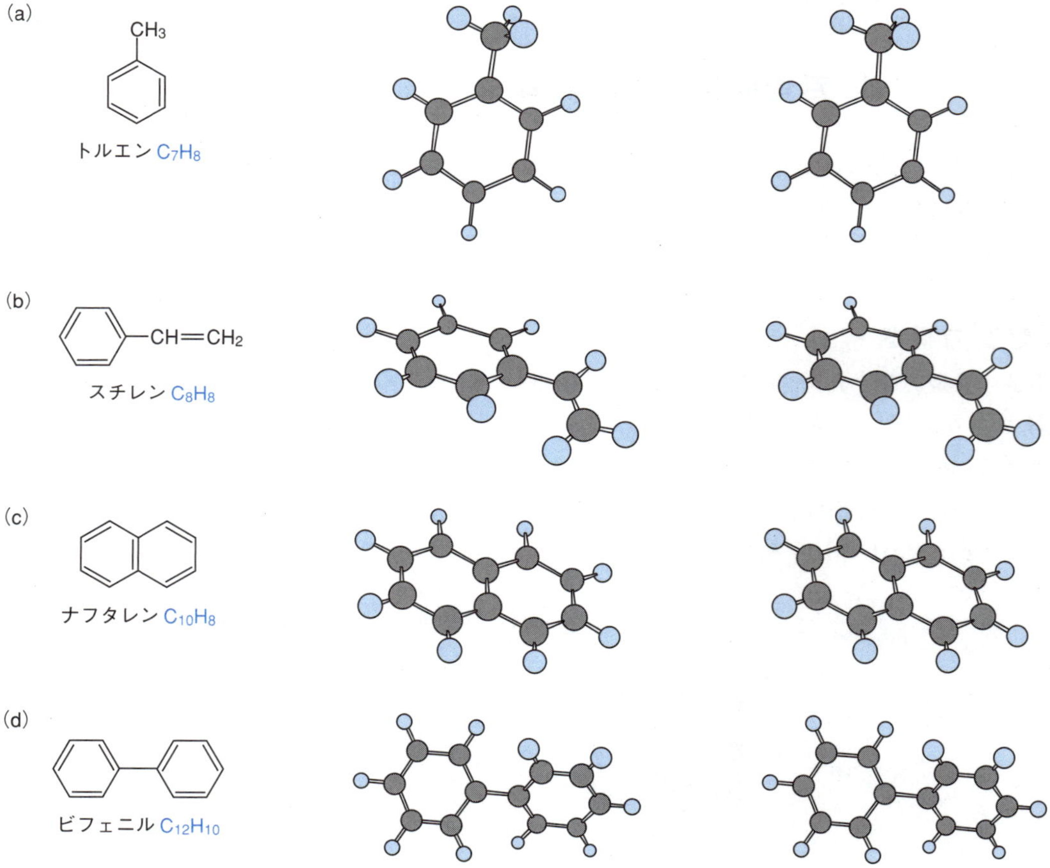

(a) トルエン C_7H_8

(b) スチレン C_8H_8

(c) ナフタレン $C_{10}H_8$

(d) ビフェニル $C_{12}H_{10}$

図 2・9 代表的な芳香族化合物の構造式およびステレオ図

2. 基本的な有機分子の構造　39

を区別することは難しい．図2・8のCはこのような状態を反映したベンゼンの構造を表している．

ベンゼンの仲間たち

代表的な芳香族化合物の構造式とステレオ図を図2・9に示した．**トルエン**は溶剤としてよく用いられてきたが，毒性があるので現在ではあまり用いられなくなった．**ナフタレン**は無色の結晶であり，結晶から液体状態を通らずに気体となる昇華性があるので，防虫剤として用いられた．**スチレン**はプラスチック（ポリスチレン）の原料として大切である．また，**ビフェニル**では二つのベンゼン環が同一平面上になく，互いにねじれている．

このほかにも，芳香族化合物は各種プラスチックの原料として欠かせないものであり，化学工業において重要な物質となっている．

環境を汚染する問題児

芳香族化合物の問題点はその有毒性である．最も単純な構造のベンゼンも，発がん性が疑われる物質である．

図1はPCBとダイオキシンの構造である．すでに図2・9(d)に示したビフェニルの10個の水素のうちのいくつかを塩素で置き換えたものは，**PCB**（ポリ塩素化ビフェニル）とよばれ，かつては絶縁性をもつ有用な化合物として大量に合成された．しかし，現在は有毒性が明らかとなり，製造，使用とも禁止されている．

ダイオキシンは，有毒性と催奇形性が指摘されている．塩素の付く位置によって，その毒性は異なる．

ダイオキシンは塩素を含む物質と有機物質とが燃焼するときにも発生する，やっかいな環境汚染物質である．

図1 **PCBとダイオキシンの構造．** ダイオキシンには最大で8個の塩素原子Clが結合する．最も毒性が強いのは4個の塩素が2, 3, 7, 8の位置に入ったものである．

3 有機分子は三次元の構造をとる

　有機分子の構造は平面的なものではなく，三次元の立体的なものである．
　分子式からだけでは，分子の構造は明らかにはならず，これは同時に，同じ分子式でありながら構造式の異なるものが存在することを意味する．このような分子を互いに**異性体**という．有機分子では，このような異性体が非常に多い．特に，炭素数が多くなると異性体は数え切れないほどに多くなる．
　異性体は大きく分けると，分子を構成する原子の結合の順序が異なって

異性体は芸術だ！？

いるものと，原子の結合の順序は同じであるが三次元的な配置の異なるものの2種類がある．このような多様な構造について知ることは，有機分子の性質や反応を理解するうえで大変重要になる．

1. どのような異性体があるのだろうか

ここでは，アルカンやアルケンのうちで炭素数の少ないものを例にして，異性体の数や構造について見てみよう．さらに，それらの異性体を自分で実際に書いてみれば，有機分子の構造が手にとるようにわかるようになるだろう．

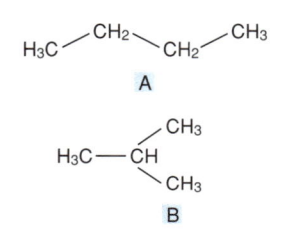

アルカンの異性体

炭素数4個のアルカン C_4H_{10} には，どのような異性体があるのだろうか．異性体の構造を図3・1に示した．異性体はA，Bの2個ある．Aは4個の炭素が一直線状に並んだものであり，Bは直線状に並んだ3個の炭素のうち，中央の炭素にもう1個の炭素が結合したものである．これ以外にはない．

炭素数を1個増やして C_5H_{12} にすると，異性体の数も3個に増える．図3・2の構造式は簡略したものであるが，このほうが分子の構造がわかりやすいであろう．

また，表3・1に示したように炭素数6のアルカンの異性体の数は5個である．練習のために，そのすべてを構造式で書き出してみよう（答えは章末に示した）．さらに，興味をもったなら炭素数を増やして挑戦してみるのもよい．

図 3・1　アルカン C_4H_{10} の異性体

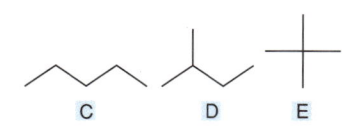

図 3・2　アルカン C_5H_{12} の異性体

異性体に一生を捧げた博士

表 3・1　アルカンの異性体数

分子式	異性体数	分子式	異性体数
C_4H_{10}	2	C_9H_{20}	35
C_5H_{12}	3	$C_{10}H_{22}$	75
C_6H_{14}	5	$C_{15}H_{32}$	4347
C_7H_{16}	9	$C_{20}H_{42}$	366 319
C_8H_{18}	18	$C_{30}H_{62}$	4 111 846 763

アルケン，シクロアルカンの異性体

炭素数4のアルカンから2個の水素を除いた分子，C_4H_8 の異性体を考えてみよう．この分子は二重結合をもったアルケンか，あるいは環状になったシクロアルカンである．

すべての異性体の構造式を図3・3に示した．F，G，Hの3種類は二重結合をもつアルケンである．FとGは4個の炭素が直線状に並んだものであるが，二重結合の位置が違うので，異なる分子である．IとJはシクロアルカンである．すなわち，5個の異性体である．（実は6個なのであるが，この問題については，あとでもう一度考える．）

炭素数が5個の C_5H_{10} では，異性体の個数は一挙に10個に増加する（図3・4）．KからOは鎖状分子であり，QからUは環状分子である．実はもっとたくさんあるのだが，それらについてはあとで述べる．

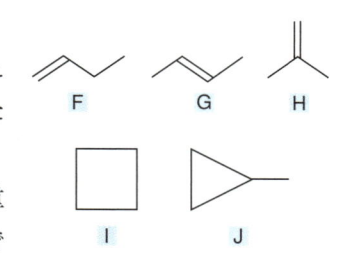

図 3・3 分子式 C_4H_8 をもつアルケン，シクロアルカンの異性体

3種類の原子からなる異性体を見てみよう．同じ分子式 C_2H_6O の分子式をもつ異性体には，エタノール CH_3CH_2OH とジメチルエーテル CH_3OCH_3 がある．これらの物理的・化学的性質は異なる．

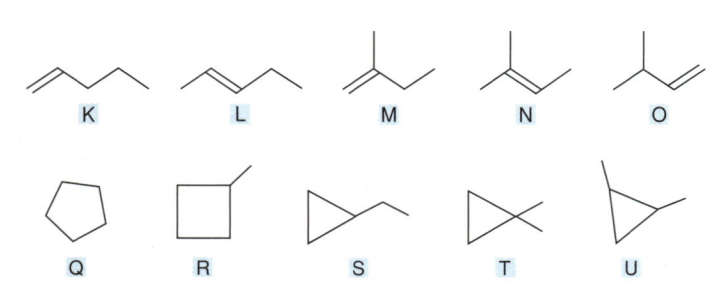

図 3・4 分子式 C_5H_{10} をもつアルケン，シクロアルカンの異性体

2. 三次元で異性体を考える

異性体を考えるときには，常に見落としに注意しなければならない．実は，上記の異性体はこれだけではなかったのである．いままでは，原子同士の結合の順序や種類のみに注目をして，異性体を考えてきた．このような異性体を**構造異性体**という．

幾何的な問題

それでは，見落してしまった異性体とはどれか．まず，Gについて見てみよう．Gでは，二重結合に付いた2個の CH_3 原子団が二重結合の反対側

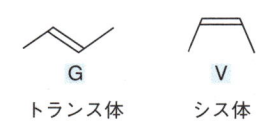

図 3・5 分子式 C_4H_8 をもつアルケンのシス-トランス異性体 (G: トランス体, V: シス体)

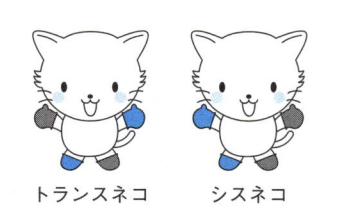

有機化学好きネコのファッション (トランスネコ, シスネコ)

に結合している．しかし，二重結合は回転できない．したがって，CH_3 が二重結合の同じ側にある分子Vとは異なるものになる（図3・5）．二重結合の反対側にあるGを**トランス体**，同じ側にあるVを**シス体**といい，このように二重結合の回転ができないために生じる異性体を**シス-トランス異性体**という．つまり，C_4H_8 の異性体は図3・3の5個にVを加えて，全部で6個ということになる．

C_5H_{10} の異性体では3個も見落としがある．一つはLである．Lの問題はGの問題と同じである．すなわちトランス体Lに対して，シス体Wが存在するということである（図3・6a）．

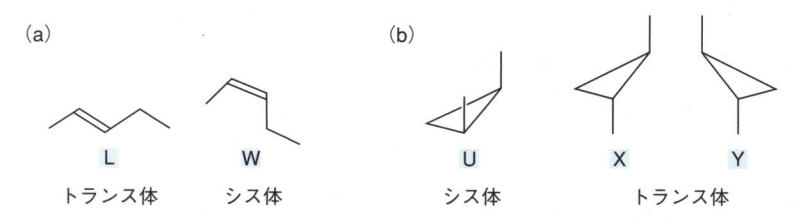

図 3・6 分子式 C_5H_{10} をもつアルケン（a）とシクロアルカン（b）のシス-トランス異性体
(a) L: トランス体, W: シス体　(b) U: シス体, X, Y: トランス体

立体的な問題

もう一つの見落としはUに関したものである．3員環に2個の CH_3 基が並んで結合している．この分子を立体的に表したのが，U, X, Y である（図3・6b）．すなわち，Uの1個だけと思っていたのが，実は3個の異性体があったのである．Uでは2個の CH_3 基が3員環の平面に対して同じ側にあるので，シス体である．それに対してX, Y は違う側にあるのでトランス体である．

XとYは同じ分子のように思えるかも知れないが，異なった分子である．思考実験で，XとYを重ねて見ればよくわかる．決して重なりはしない．

以上のように，原子の結合の順序は同じであるが，三次元的な配置の異なるものを**立体異性体**という．立体異性体には3種類存在する（図3・7）．つぎに，これらについて詳しく見ていくことにしよう．

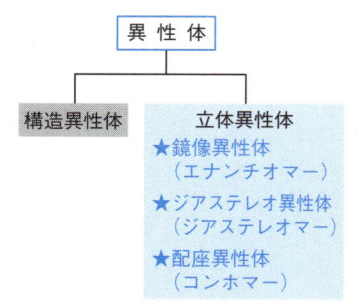

図 3・7 異性体の種類
異性体 ─ 構造異性体／立体異性体
　★鏡像異性体（エナンチオマー）
　★ジアステレオ異性体（ジアステレオマー）
　★配座異性体（コンホマー）

3. 鏡に映せば重なる鏡像異性体

有機化合物の異性体には，前節で見たような種類のほかにもう一つ，鏡が関係した異性体がある．

不斉炭素

炭素に四つの異なるグループW，X，Y，Zが結合した分子を考えてみよう．分子式はCWXYZであり，構造式は図3・8に示したように，炭素から伸びた4本の結合手にW，X，Y，Zが結合したものである．このように互いに異なる四つのグループが結合した炭素を**不斉炭素**という．不斉炭素には＊を付けて表すことがある．

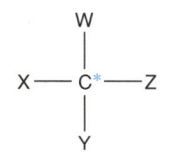

図3・8　不斉炭素

鏡像異性体

問題はこの分子CWXYZの立体構造である．炭素の4本の結合手が正四面体の頂点方向を向くことに注意して立体的な構造を書くと，A，Bの二つになる（図3・9）．この図で，実線で書いた結合は紙面上にある．それに対して破線で書いた結合は紙面の奥に伸び，反対にくさび形に書いた結合は手前に飛び出してくる結合である．

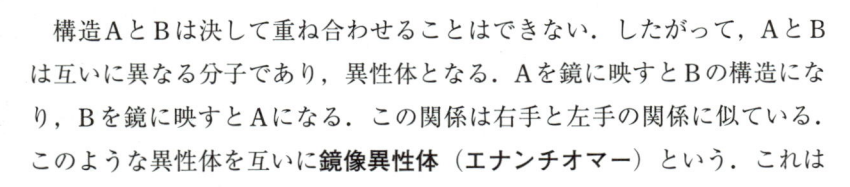

図3・9　鏡像異性体

構造AとBは決して重ね合わせることはできない．したがって，AとBは互いに異なる分子であり，異性体となる．Aを鏡に映すとBの構造になり，Bを鏡に映すとAになる．この関係は右手と左手の関係に似ている．このような異性体を互いに**鏡像異性体**（エナンチオマー）という．これは

1対の鏡像異性体として存在する分子は**キラル**（ギリシャ語の"手"の意味）であるといわれる。分子がキラルであるかどうかを予測するには，対称面をもつかどうかによる。コップやテニスラケットは対称面をもつのでキラルではなく（**アキラル**という），手やゴルフクラブは対称面をもたないので，キラルである。

キラル

アキラル

旋光度は溶液の濃度，容器の中を通る光の径路長に依存する。このような条件を一定の基準を満たすようにして測定した旋光度を特に**比旋光度**という。
波長589.6 nmの光を用い，光路の長さ10 cmの試料管，1 g/mLの試料濃度で測定したときが比旋光度 $[\alpha]_D$ となる。（589.6 nmの光はナトリウムのD線を表している。）

後で述べるように，鏡に映すという光学的な現象以外に，他の光学的な特徴もあるので**光学異性体**ともいわれる。鏡像異性体では，光学的性質以外の物理的・化学的性質は同じである。

ところで，どのような分子が鏡像異性体をもつのだろうか。後述する乳酸（図3・11参照）のように，不斉炭素をもつものは分子に対称面がない。つまり，不斉炭素をもつことは鏡像異性体になる一つの条件である。しかし，不斉炭素をもつものがすべて鏡像異性体をもつわけではない。メソ体のように，不斉炭素をもっていても対称面が存在する場合には鏡像異性体をもたない（章末のコラム参照）。

旋 光 性

鏡像異性体の大きな特徴に旋光性がある。"旋光性"とは偏光面をねじることである。旋光性を見るまえに，偏光について見てみよう。

光は電磁波であり，電波と同じように振動している。普通の光は，あらゆる方向に振動している光成分の集合体である。この光を適当なスリットを通して選別することにより，振動面のそろった光だけをより分けることができる。このように，振動面のそろった光を**偏光**という（図3・10a）。

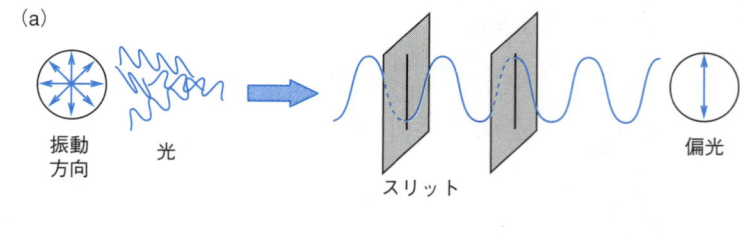

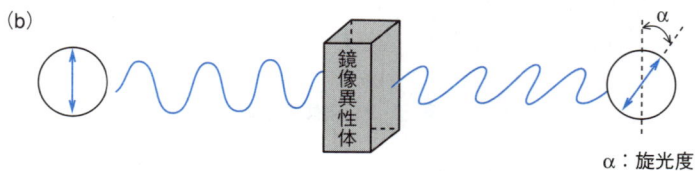

図 3・10 偏光（a）および旋光度（b）

偏光を鏡像異性体の片方に透過させると，偏光の振動面がその異性体に特有の角度だけ傾く。この現象を**旋光**といい，傾いた角度を**旋光度**という

3. 有機分子は三次元の構造をとる　　47

（図3・10b）．このように，旋光を示す物質を**光学活性**な物質という．

　図3・11に示したのは乳酸であるが，（＋）-乳酸は偏光を右側に3.8度傾ける（比旋光度）．ところが，鏡像異性体の（－）-乳酸に同じことをすると，反対の左側に3.8度傾く．

ラセミ混合物

　ところで，（＋）-乳酸と（－）-乳酸を1:1で混ぜた混合物に偏光を通し

R, S 表記

　四つの異なるグループW，X，Y，Zが付いた異性体CWXYZを表すのに，いちいち立体的な構造式を書いていたのでは，煩雑で大変である．何とか，記号で区別することはできないものか．そのような要請から考案されたのが，"R,S表記"である．

　いま，W，X，Y，Zがすべて異なる原子であり，その原子番号がW＞X＞Y＞Zの順になっていたとしよう．この炭素をニューマン投影式で見たとしよう．ただし，約束がある．原子番号の最も小さい原子，すなわちZを目の反対側に置くのである．

　図1に示した方向から分子を眺め，Z以外のグループを相対位置に注意して書くと，図のようになる．この図で，原子番号の大きいものから順にたどると，Aでは左回り（逆ネジ方向）であり，Bでは右回りである．ラテン語では左をsinister，右をrectusという．そこでAを (S)-CWXYZ，Bを (R)-CWXYZ と書くことにするのである．これを**R, S表記**という．

　実際にはW，X，Y，Zすべての原子番号が異なる例は少ない．そこで，不斉炭素に結合した炭素に結合した原子の原子番号と，原子数で比較するなど，詳細なルールが決められている．おもなルールは以下のとおりである．

1. 原子番号の大きいほうを上位とする．
2. 不斉炭素に直接結合している原子で区別がつかない場合は，つぎに結合している原子の原子番号で比較する．
3. 多重結合している場合には，その原子が結合の数だけ（二重結合なら2個）結合しているとして比較する．

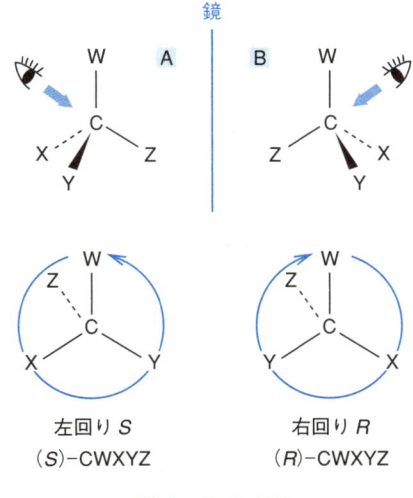

図1　R, S表記

48   II. 有機分子の構造を知る

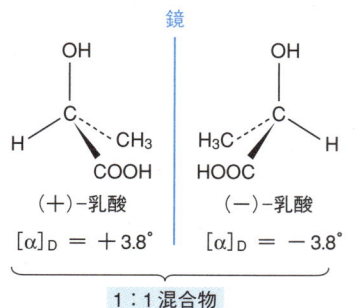

図 3・11 ラセミ混合物

たら，どうなるだろうか．この場合，光は右に3.8度，左に3.8度ねじられて，結局，ねじられなかったことになる．すなわち，この混合物は光学活性を失ったことになる．このように鏡像異性体が混じった結果，光学活性を失った混合物を**ラセミ混合物**という．ラセミ混合物を，二つの鏡像異性体に分離することを**光学分割**という．

4. 立体異性体の書き表し方

ここでは，立体異性体の書き表し方を見ておこう．おもな書き表し方には二通りがある．

ニューマン投影式

エタンの構造を考えてみよう．エタンの炭素-炭素結合はσ結合なので回転することができる．図3・12のA，Bは，このσ結合を回転したものである．Aでは手前の水素と奥の水素が重なっているので**重なり形**，Bでは互いにねじれているので**ねじれ形**という．

この両者を**ニューマン投影式**で書いたのが，図3・12のC，Dである．図の円は炭素を表す．

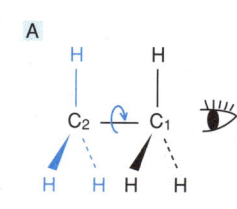

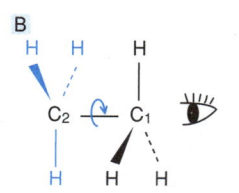

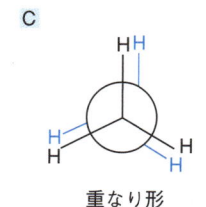

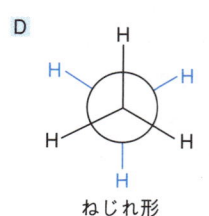

図 3・12 ニューマン投影式で書いた重なり形とねじれ形

3. 有機分子は三次元の構造をとる   49

　構造Aを目の位置から見たとしよう．手前側の炭素1は見えるが，奥の炭素2は1の陰になって見えない．したがって，炭素1の結合手は根元まで見えるが，炭素2の結合手の根元は炭素1に隠れて見えない．このように約束することによって，2個の炭素の位置関係がはっきりする．そして，何よりはっきりするのは，2個の炭素に付いた水素の位置関係である．Cでは，両方の炭素に付いた水素は互いに重なる位置にある．それに対してDでは，互いに斜め向かいの位置にあることがよくわかる．

ブタンは重なり形，ねじれ形が2種類ある．ねじれ形配座のうちCH_3基同士が近いものを**ゴーシュ形**，もう一方を**アンチ形**とよぶ．

ゴーシュ形　　アンチ形

フィッシャー投影式

　ニューマン投影式は便利で明確な表示法であるが，炭素数が増えると対処できなくなる．そのような場合に便利なのが，**フィッシャー投影式**である．

　フィッシャー投影式では図3・13のAのように，炭素の結合手のうち手前に伸びる2本，すなわち，X，Zと結合した結合手を水平方向に置くことにする．このように約束したうえで，すべての結合手をBのように実線で書くのである．約束さえ間違わなければ，BからA以外の構造を考えることはありえない．

　フィッシャー投影式によれば，構造CはDのように表示されることになる．

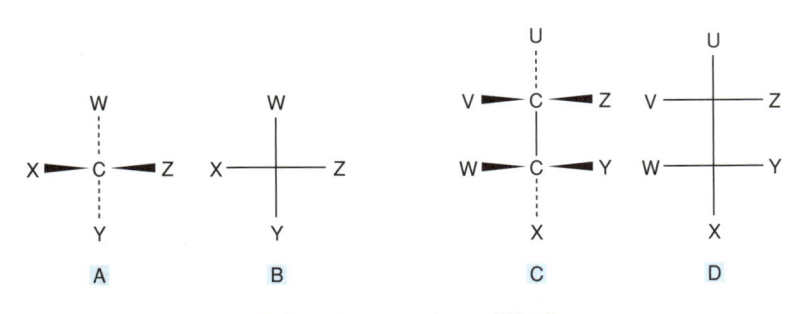

A　　　B　　　C　　　D

図3・13　フィッシャー投影式

5. 結合の回転に伴う配座異性体

　σ結合は回転可能な結合である．しかし，分子の中に組込まれると，

σ結合といえども，まったく自由に何の抵抗もなく回転できるわけではなくなる．σ結合の回転に伴う異性体を**配座異性体**（コンホマー），あるいは**回転異性体**という．配座異性体では炭素-炭素軸の回転に基づいて原子の立体的配置が互いに異なっている．

エネルギー障壁

前節で見たエタンのニューマン投影式では，水素の重なる重なり形Aと斜め向かいになるねじれ形Bがあった．AとBとでは安定度が違い，水素が重なるAのほうが不安定，すなわち高エネルギーである．これは原子間の立体反発による．

図3・14は水素間の角度（二面角）θとエネルギーの関係を示したものである．60度ごとに安定になったり，不安定になったりを繰返している．すなわち安定なBから120度回転してまた安定なB′になるためには，高エネルギー状態のAを通らなければならない．このとき，AとBの間のエネルギー差を回転の**エネルギー障壁**という．しかし，このエネルギー差は小さく，室温のエネルギーで越えることができるので，AとBを分離することは不可能である．

ブタンのねじれ形配座であるゴーシュ形とアンチ形ではCH₃基同士の立体反発により，ゴーシュ形のほうがアンチ形よりややエネルギーが高くなっている．重なり形配座でも同様である．

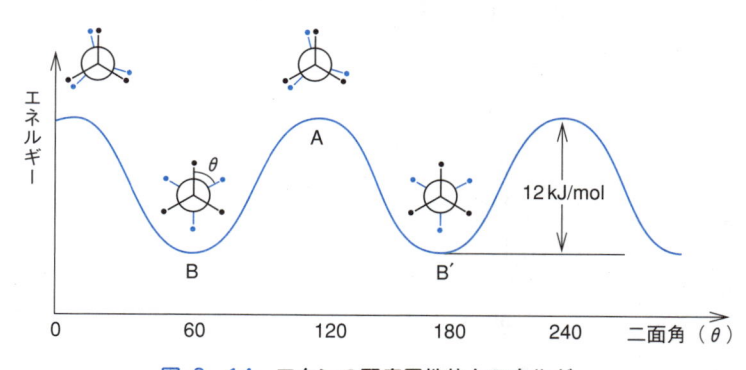

図 3・14　エタンの配座異性体とエネルギー

いす形と舟形

シクロヘキサンは図に書くと平面形に見えるが，実は平面形の分子ではない．すべての結合角が109.5度のため，複雑に折れ曲がった構造をして

いる．その様子を図3・15のステレオ図で示した．構造Aはいすの形，Bは舟の形をしている．この両者は炭素-炭素結合を回転することによって互いに変化することができる．すなわち，いす形の左端をもち上げると舟形Bになり，Bの右端を押し下げると，またいす形Cになる．

舟形の分子では，先の部分と後尾に相当する水素間の立体反発があるため，いす形より不安定である．しかし，両者のエネルギー差は小さいため，両者を分離することはできない．

6. ジアステレオマー

立体異性体については，これまでに述べた鏡像異性体や配座異性体のほかに**ジアステレオ異性体（ジアステレオマー）**というものがある．「2. 三

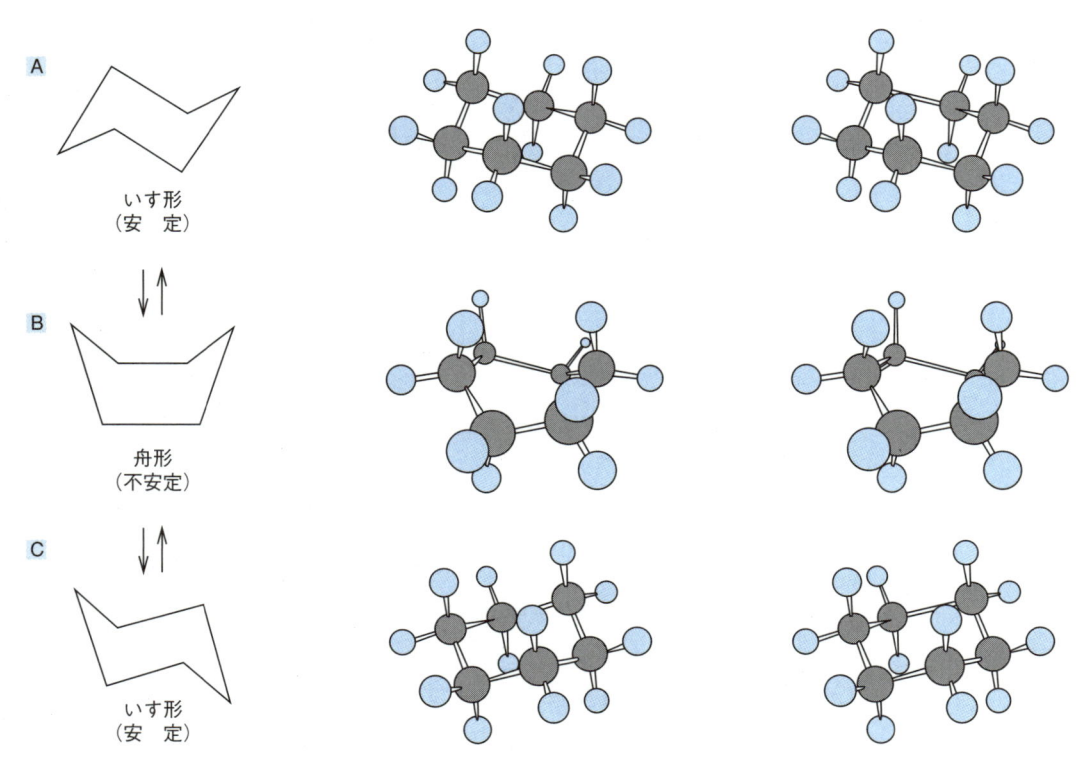

図 3・15　シクロヘキサンの配座異性体とそのステレオ図

次元で異性体を考える」で述べたシス-トランス異性体もジアステレオマーである．

エリトロとトレオ

図3・16は分子 $CH_3-CH_2-CHCl-CHCl-CH_3$ をフィッシャー投影式に従って書いたものである．

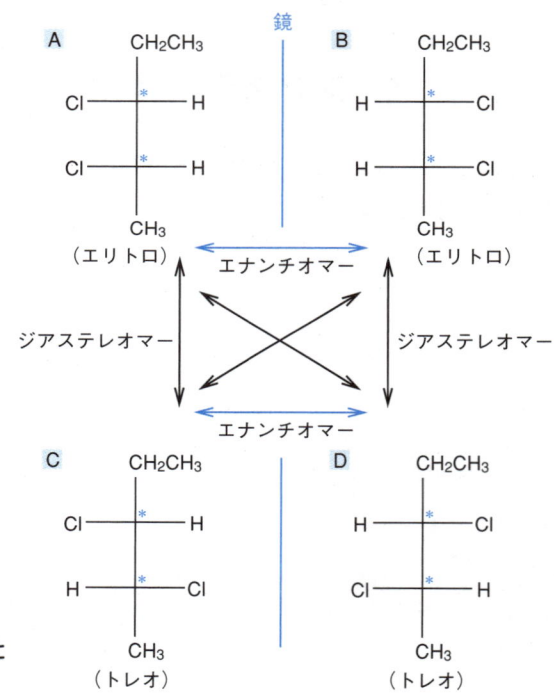

図 3・16 ジアステレオマーとエナンチオマー

構造A, Bでは分子の同じ側に同じ原子が結合している．このような分子を**エリトロ形**という．それに対して，C, Dでは分子の反対側に結合している．このようなものを**トレオ形**という．

ジアステレオマー

立体異性体のうちで，鏡像異性体（エナンチオマー）の関係にないものを**ジアステレオ異性体（ジアステレオマー）**とよぶ．したがって，図3・

3. 有機分子は三次元の構造をとる　　53

16に示したA, B, C, Dの4種類の異性体のうち, 鏡像異性体の関係にあるAとB, CとDを除いた, AとC, AとD, BとC, BとDの関係はジアステレオマーということになる.

「1. どのような異性体があるのだろうか」で見たシクロプロパン誘導体において, XとYは鏡に映すと互いに重なるので鏡像異性体である. それに対して異性体Uは, X, Yと鏡像異性の関係にはない. したがって, ジアステレオマーである.

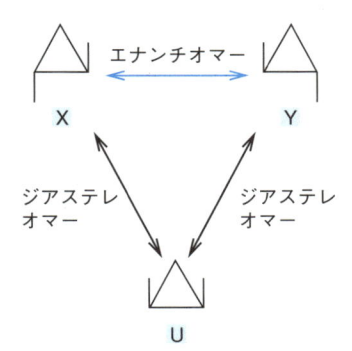

メ　ソ　体

　図1の4種類の分子, A, B, C, Dの関係を見てみよう. Cは鏡に映せばDとなるから, CとDは鏡像異性体の関係である. それではAとBの関係はどうだろうか. 鏡像異性体のように見えるが, 実はAとBは同じ分子である. このように不斉炭素をもっているが, 光学対称体が自分自身と同一になってしまうものを**メソ体**という.

　なお, 参考までに付け加えておくと, A, Bはエリトロ, C, Dはトレオであり, A (B) とC, Dの関係はジアステレオマーである.

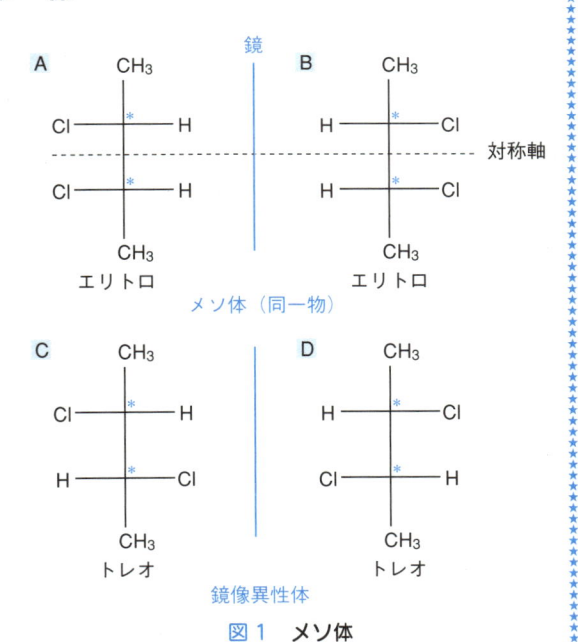

図1　メソ体

「1. どのような異性体があるのだろうか」で，炭素数6のアルカンの異性体の数は5個であると述べた．その答えを以下に示しておく．

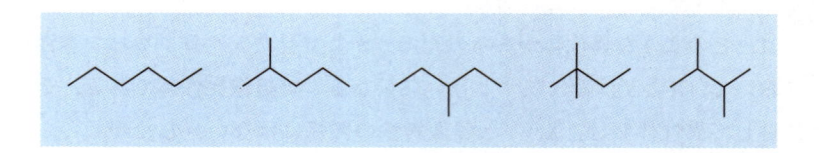

4. 有機分子を顔と体に分ける

　有機分子には多くの種類がある．これらをうまく分類することはできないだろうか．そこで，人間と同じように，有機分子を顔と体に分けて考えてみるとよい．顔あるいは帽子にあたる部分を"置換基"，体にあたる部分を"基本骨格"とよぶことにする．

　同じ基本骨格をもつ有機分子でも顔や帽子にあたる置換基を変えると，性質が異なってくる．また，同じ置換基をもつものは似た性質を示す．

有機化合物には顔と体がある

帽子だけを変えた場合には，分子の性質が少しだけ変わる．これは，ファッションのようなものである．しかし，顔まで変われば，その性質も大きく変化する．

さらに，置換基には大きく分けて2種類ある．一つは，分子の形や大きさなどに影響するものであり，もう一つは分子の性質や反応性などに影響するものである．

ここでは，置換基によって有機分子を分類しながら，それらの性質を見ていくことにしよう．

1. 基本的な有機分子の姿

まず基本的なものとして，炭素と水素だけでできた置換基を考えよう．これには，アルキル基とアリール基がある．

基本骨格と置換基

図 4・1 のアルカンは枝分かれアルカンといわれ，木が枝分かれするように，炭素 5 個からなる長い直鎖状の部分に炭素 1 個の短い"枝"が付いている．この直鎖状の部分は分子の本体であり，**基本骨格**とよぶ．すると，枝に相当する CH_3 の部分は，ペンタンの水素原子と"置き換わった"ものと考えることができるので，**置換基**とよぶ．

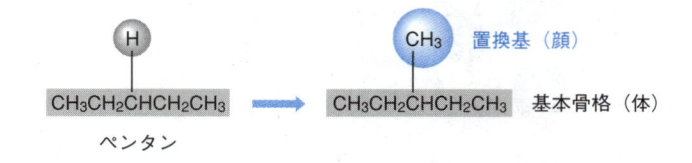

図 4・1 基本骨格と置換基

置換基の結合

ここでは，基本骨格と置換基の結合について見てみよう．

基本骨格を R，置換基を X とすると，全体の分子は RX あるいは R と X の結合を直線で表して R−X と書ける．この結合は σ 結合であり，2 個の結合電子があるので，それを 2 個の点で表せば R・・X となる．

分子を基本骨格と置換基に分けて考えるときには，この2個の結合電子を分けてそれぞれの部分に1個ずつ付ける．そして，1個の電子を表す点の代わりに直線を書くのである．すなわち，基本骨格はR−，置換基は−Xと表す．もちろん，−は結合手を表している．このように考えると，基本骨格と置換基の間の結合も，原子同士の結合と同じになる．

アルキル基

アルキル基は，アルカンから水素原子1個を取除いた形の置換基である．すなわち，メタンCH_4を$H-CH_3$として，ここからHを除いた残りの部分$-CH_3$を置換基（メチル基）と考える．

メタンから導かれた置換基をメチル基$-CH_3$，エタンCH_3CH_3から導かれたものをエチル基$-CH_2CH_3$といい，これらは代表的なアルキル基である．いくつかのアルキル基の例を表4・1に示した．

表 4・1 アルキル基およびアリール基の例

	置換基	簡易表示	置換基名
アルキル基	$-CH_3$	$-Me$	メチル基
	$-CH_2CH_3$	$-C_2H_5$ $-Et$	エチル基
	$-CH_2CH_2CH_3$	$-C_3H_7$ $-Pr$	プロピル基
	$-CH\!<\!{CH_3 \atop CH_3}$	$-i\text{-}C_3H_7$	イソプロピル基
アリール基	(ベンゼン環)	$-C_6H_5$ $-Ph$	フェニル基

英語名の最初の二文字をとって，メチル基とエチル基などをそれぞれ，$-Me$，$-Et$などと表すこともある．

アルキル基は後に述べるような分子の性質にも関係してくるが，それ以上に分子の形，大きさなどに影響する．

アリール基

芳香族化合物から導かれる置換基を**アリール基**いう．代表的なものは，ベンゼンC_6H_6から導かれるフェニル基$-C_6H_5$である．

ベンゼンから水素が除かれてフェニル基ができる．ベンゼンやフェニル基には水素を書き表さないことが多いので，最初のうちは注意が必要である．

2. 官能基

分子の性質に大きな影響をもつ置換基を**官能基**という．官能基の多くは炭素，水素以外の原子を含んでいるが，炭素と水素だけでできた置換基でも，ビニル基$-CH=CH_2$やエチニル基$-C\equiv CH$などのように二重結合，三重結合を含むものは官能基とされる．したがって，アリール基は官能基である．官能基のいくつかを表4・2にまとめた．

ヒドロキシ基

ヒドロキシ基$-OH$をもつ分子は一般に**アルコール**とよばれる．メタノール（メチルアルコール），エタノール（エチルアルコール），フェノールなどがある．これらの化合物は中性であり，一般に水に溶けやすい．反応(4・1)に示すように，金属ナトリウムと反応して水素ガスを発生する．

$$R-OH + Na \longrightarrow R-ONa + \frac{1}{2}H_2 \qquad (4・1)$$

カルボニル基

カルボニル基 $>C=O$ をもつ分子は一般に**ケトン**とよばれる．アセトン，ベンゾフェノンなどがある．アセトンは有機物質を溶かす力が強く，溶剤として用いられる．カルボニル基は分子の性質や反応性に大きく影響する置換基である．

ホルムアルデヒドの20〜40％水溶液をホルマリンとよび，防腐剤として用いられる．

ホルミル基

ホルミル基 $-C{\lessgtr}^{O}_{H}$ をもつ分子は一般に**アルデヒド**とよばれる．ホルミル基は部分的にカルボニル基をもっていると考えることができる．ホルムアルデヒド，アセトアルデヒド，ベンズアルデヒドなどがある．(4・2)式に示すように，アルコールを酸化するとアルデヒドになるが，アルデヒドは酸化されやすいため，反応条件下でただちに酸化されてカルボン酸にな

る．このため，アルデヒドは他から酸素を奪う性質，すなわち還元性がある．

表 4・2 代表的な官能基

官能	名　称	一般式	一般名	例
$-OH$	ヒドロキシ基	$R-OH$	アルコール	CH_3-OH メタノール CH_3CH_2-OH エタノール ⌬$-OH$ フェノール
$>C=O$	カルボニル基	$R \atop R$$>C=O$	ケトン	$CH_3 \atop CH_3$$>C=O$ アセトン ⌬$\atop$⌬$>C=O$ ベンゾフェノン
$-C{\displaystyle{\nwarrow O \atop \swarrow H}}$	ホルミル基	$R-C{\displaystyle{\nwarrow O \atop \swarrow H}}$	アルデヒド	$H-C{\displaystyle{\nwarrow O \atop \swarrow H}}$ ホルムアルデヒド $CH_3-C{\displaystyle{\nwarrow O \atop \swarrow H}}$ アセトアルデヒド ⌬$-C{\displaystyle{\nwarrow O \atop \swarrow H}}$ ベンズアルデヒド
$-C{\displaystyle{\nwarrow O \atop \swarrow OH}}$	カルボキシル基	$R-C{\displaystyle{\nwarrow O \atop \swarrow OH}}$	カルボン酸	$H-C{\displaystyle{\nwarrow O \atop \swarrow OH}}$ ギ酸 $CH_3-C{\displaystyle{\nwarrow O \atop \swarrow OH}}$ 酢酸 ⌬$-COOH$ 安息香酸
$-NH_2$	アミノ基	$R-NH_2$	アミン	CH_3-NH_2 メチルアミン ⌬$-NH_2$ アニリン
$-NO_2$	ニトロ基	$R-NO_2$	ニトロ化合物	CH_3-NO_2 ニトロメタン ⌬$-NO_2$ ニトロベンゼン トリニトロトルエン（O_2N, CH_3, NO_2, NO_2 置換ベンゼン）
$-CN$	ニトリル基	$R-CN$	ニトリル	CH_3-CN アセトニトリル ⌬$-CN$ ベンゾニトリル

官能基っていろいろあるのね！

$$R-CH_2-OH \xrightarrow{(O)} R-C\overset{O}{\underset{H}{\lessgtr}} \xrightarrow{(O)} R-C\overset{O}{\underset{OH}{\lessgtr}} \quad (4 \cdot 2)$$

アルコール　　　　　アルデヒド　　　　　カルボン酸

カルボキシル基

カルボキシル基 $-C\overset{O}{\underset{OH}{\lessgtr}}$ をもつ分子は**カルボン酸**とよばれる．カルボキシル基はカルボニル基とヒドロキシ基からなる複合基とみることもできる．(4・3)式に示すようにカルボン酸は解離して，アニオンと水素イオン H^+ を発生するので "酸" である（「4. 置換基効果の例」参照）．

$$R-C\overset{O}{\underset{O-H}{\lessgtr}} \longrightarrow R-C\overset{O}{\underset{O^{\ominus}}{\lessgtr}} + H^+ \quad (4 \cdot 3)$$

塩酸，硫酸などの鉱酸に対して，カルボン酸は**有機酸**とよばれることもある．カルボン酸には，ギ酸，酢酸，安息香酸などがある．カルボン酸は (4・4)式に示すように，アルコールと脱水反応してエステルを与える．

$$R-C\overset{O}{\underset{O-H}{\lessgtr}} + H-O-R' \longrightarrow R-C\overset{O}{\underset{O-R'}{\lessgtr}} + H_2O$$

カルボン酸　　　アルコール　　　　　　エステル　　(4・4)

アミノ基

アミノ基 $-NH_2$ をもつものは**アミン**とよばれる．アミンは H^+ を受け取って，RNH_3^+ となるので "塩基" である．メチルアミン，アニリンなどがある．(4・5)式に示すようにカルボン酸と反応して，アミドを与える．

$$R-C\overset{O}{\underset{O-H}{\lessgtr}} + \overset{H}{\underset{H}{N}}-R' \longrightarrow R-C\overset{O}{\underset{N-R'}{\lessgtr}}\underset{H}{} + H_2O$$

カルボン酸　　　アミン　　　　　アミド　　(4・5)

ニトロ基

ニトロ基 $-NO_2$ をもつものは**ニトロ化合物**とよばれる．ニトロメタン，ニトロベンゼンなどがある．爆薬として用いられるトリニトロトルエン (TNT) は，1分子内に3個のニトロ基をもつ化合物である．

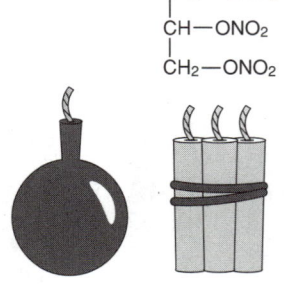

```
CH₂-ONO₂
|
CH-ONO₂
|
CH₂-ONO₂
```

TNT　　ニトログリセリン

ニトリル基

ニトリル基 –CN をもつものはニトリルとよばれる．毒性をもつことがあるので，取扱いには注意を要する．アセトニトリル，ベンゾニトリルなどがある．

3. σ結合と置換基効果

置換基が分子全体に与える影響を**置換基効果**という．置換基効果は分子の性質や反応性に大きな影響を与える．

電気陰性度と置換基効果

先にσ結合の結合電子雲が，電気陰性度の大きい原子に引き寄せられることを見た（1章の「6. 分子間にも結合がある」参照）．その結果，電気陰性度の大きい原子はマイナスに，小さい原子はプラスに荷電した．

置換基と基本骨格（炭素骨格）の間にも同様の現象が見られる．すなわち，図4・2に示すように置換基（X）と炭素骨格（C）の間でσ結合電子雲の偏りが生じ，その結果，結合に部分電荷が現れるのである．このような効果を置換基の**誘起効果**（inductive effect，**I効果**）という．

図 4・2 誘起効果

電子求引効果

電気陰性度が炭素より大きい置換基は炭素骨格から電子を奪うので，炭素骨格はプラスに荷電する（図4・2a）．このような効果を**電子求引効果**（**＋I効果**）といい，このような効果をもつ置換基を**電子求引基**という．

電子求引基は炭素骨格より電気陰性度が大きい必要があるので，周期表で炭素より右側にある原子（窒素，酸素，ハロゲン），もしくはそれらの

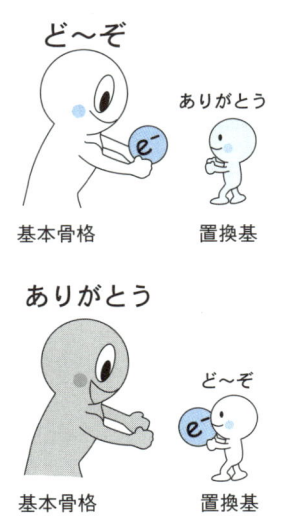

原子を介して炭素骨格に結合している置換基である．

たとえば，メタノールCH_3OHでは電気陰性度の大きいヒドロキシ基の酸素に電子がいくぶん引き付けられている．これを，置換基であるヒドロキシ基が炭素骨格であるメチル基から電子を奪ったとみることもできる．

電子供給効果

置換基の電気陰性度が炭素骨格より小さい場合には，炭素骨格に結合電子雲が送り込まれることになり，炭素骨格がマイナスに荷電する（図4・2b）．つまり，電子陰性度の小さい置換基が，より電気陰性度の大きい炭素骨格に電子を供給したことになる．このような効果を**電子供給効果（−I効果）**といい，このような効果をもつ置換基を**電子供給基**という．

しかし実際には，炭素より電気陰性度の小さい原子が置換基になることはない．電子供給基の例としては，マイナスに荷電して電子が過剰になった原子，すなわち，$-O^-$，$-NR^-$などがある．これらは過剰になり，あまった電子を炭素骨格のほうに供給する．また，アルキル基も電子を供給する作用がある．

表4・3にいくつかの電子求引基，電子供給基の例を示した．

表 4・3　置換基の誘起効果

電子求引基（+I効果）	電子供給基（−I効果）
−F, −Cl, −Br, −I	−CH_3, −CH_2CH_3 など
−OH, −OR, −NH_2, −NR_2, −N^+R_3	−O^-, −NR^-
−CHO, −COR, −COOH, −COOR	
−$CONH_2$, −C=NH, −CN, −NO_2	

Rはアルキル基を示す．

4. 置換基効果の例

置換基の効果が分子の性質にどのように影響するのか．実際の例を，酸の強さを用いて見てみよう．

酸 と 塩 基

まず，酸・塩基とはどのようなものかを簡単に見ておこう．

ブレンシュテッド・ローリーの定義によれば，**酸**とは水素イオンH^+を放出するものであり，**塩基**とはH^+を受け取るものである．有機分子において，代表的な酸といえばカルボン酸であり，塩基といえばアミンである．

カルボン酸とアミンはそれぞれ，(4・6)式，(4・7)式に示すように解離している．すなわち，カルボン酸はR-COO$^-$になり，水素イオンH^+を放出するので，酸である．一方，アミンはH^+を受け取ってR-NH$_3^+$となるので，塩基である．

$$R-COOH \rightleftarrows R-COO^- + H^+ \quad (4・6)$$

$$R-NH_2 + H^+ \rightleftarrows R-NH_3^+ \quad (4・7)$$

酸・塩基の定義にはルイスの定義というものもある．これは非共有電子対のやりとりによって，酸・塩基を定義するものである．すなわち，非共有電子対を供給する物質Aが**塩基**である．それに対して空軌道をもっていて，非共有電子対を受け取る物質Bが**酸**である．

$$A: + B \longrightarrow A:B$$
（非共有電子対・塩基）（空軌道・酸）（σ結合）

酸 の 強 さ

塩酸HClのように，ほとんど完全に解離するものは**強い酸**であり，酢酸CH_3COOHのように，ほんのわずかしか解離しないものは**弱い酸**である．

酸の強さを示すものに，**酸定数 K_a** という数値がある．たとえば，カルボン酸のK_aは(4・8)式のようになる．これは，(4・6)式の平衡定数に相当する．[ ]はそれぞれの化学種のモル濃度(mol/L)である．HClのように強い酸は大きな酸定数をもつが，CH_3COOHのように弱い酸は酸定数の値が小さい．

$$K_a = \frac{[RCOO^-][H^+]}{[RCOOH]} \quad \text{および} \quad pK_a = -\log K_a \quad (4・8)$$

実際には酸の強さは，水素イオン濃度を表すpHのように，K_aの対数にマイナスを付けた数値，**pK_a** で表すことが多い．pHと同様に，pK_aの値が小さいほど強い酸となる．

電子求引基と酸の強さ

表4・5は酢酸のCH_3基の水素原子を，電子求引性の塩素原子で置き換えた場合の酸の強さの変化である．電子求引性の置換基が付くと，カルボ

表 4・5 電子求引基とpK_a

	pK_a
CH$_3$-COOH	4.8
ClCH$_2$-COOH	2.7
Cl$_2$CH-COOH	1.3
Cl$_3$C-COOH	0.7

キシル基の水素原子のまわりの電子が置換基に引き寄せられる．その結果，水素原子の周囲の結合電子が少なくなり，水素はH^+としてはずれやすくなる．このため，酸の強さは強くなる．

表4・5に示した酸の強さは，この関係を端的に表している．すなわち，電子求引基である塩素原子が増えるほど，酸の強さは強くなっている．pK_aは対数であるから，数値で1違うと強さは10倍違うことになる．すなわち，酢酸に塩素が1個付くと，酸の強さは約100倍も強くなっていることがわかる．

また，塩素原子をより電気陰性度の大きいフッ素原子に置き換えれば，さらに強い酸になる．

置換基の位置と酸の強さ

置換基の効果は，置換基がカルボキシル基などの酸性基から離れるにつれてだんだんと小さくなる．図4・5に示したように，一般にσ結合1本について置換基効果は1/3程度に減少するといわれている．電子求引基である塩素原子がカルボキシル基に近い位置にあるほど，酸の強さが強くなることが端的に示されている．

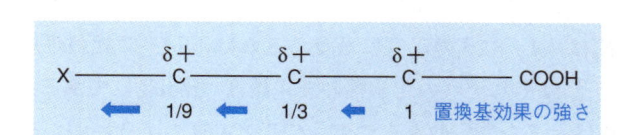

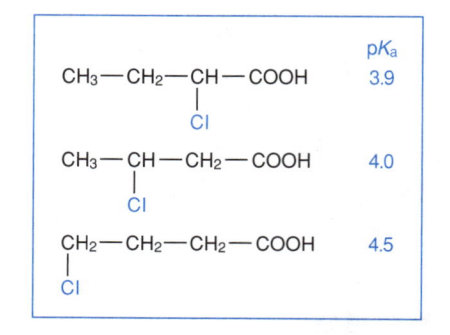

図4・5 置換基の位置と酸の強さ

5 有機分子の構造を決める

 有機分子の性質や反応性を明らかにし，新しい分子を設計・合成することは，有機化学の大きな目標の一つである．この目標を達成するためには，いくつかの条件を満足しなければならないが，その一つに分子の構造を明らかにするということがある．もしそうでなければ，合成した分子が望みの分子かどうかすら判定できないことになってしまう．
 有機分子の構造を決定するときには，その分子の性質や反応性など多くの情報を総合して決定するが，もっとも大きな威力を発揮するのが"スペクトル"である．スペクトルには多くの種類がある．それぞれのスペクト

なぞの分子Xの正体を明らかにせよ！

ルは分子に関するすべての情報を教えてくれるわけではないので，複数のスペクトルを駆使して情報を集め，それを総合することによって，はじめて有機分子の構造が決定できることになる．

ここでは，各種のスペクトルを紹介し，それが構造決定にどのように役立っているかについて見ていこう．

1. 元素分析

分子は各種の原子の集合体である．分子の中に，どのような元素がどれくらいの割合で含まれているかを明らかにすることを**元素分析**という．

構造決定と分子式

天然に存在するまったく未知の分子が，どのような原子から構成されているかを明らかにするのは，大変難しいことである．しかし，実験室で扱う分子では，どのような原子が含まれているのかについて，すでにわかっているか，あるいは推測できることがほとんどである．ここでは，炭化水素であることがわかっている分子を例にとって説明することにしよう．

炭化水素であるから，分子を構成する元素は炭素と水素である．分子の構造を決定するには，まず分子式を明らかにしなければならない．そのためには，1個の分子に含まれる炭素と水素の個数，つまり分子に含まれる炭素と水素の質量の割合を決定する必要がある．

分子を燃焼させる

分子に含まれる原子の質量の割合を明らかにするためには，単位質量の分子の中に含まれる原子の質量を明らかにしなければならない．

炭化水素の元素分析を行うには，図5・1に示すようにその分子を十分な酸素の存在下で燃焼し，その結果，発生した水と二酸化炭素の質量を測定する．具体的には，一定量の試料を十分な酸素ガス存在下で燃焼し，その結果，発生した燃焼ガスを塩化カルシウムに通す．すると，塩化カルシウムがガスに含まれる水を吸着して，ガスから水を除く．このガスを今度は，ソーダ石灰に通す．すると，ガスに含まれる二酸化炭素がソーダ石灰

ソーダ石灰は酸化カルシウムを水酸化ナトリウムの濃い溶液にひたし，加熱乾燥してつくった白色粒子の固形物質である．

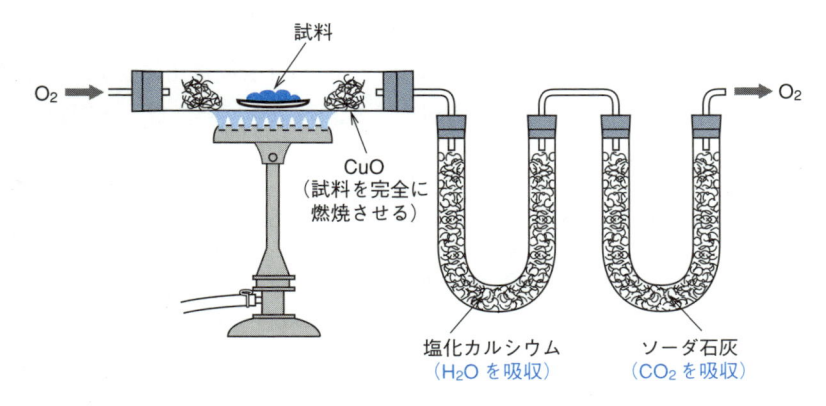

図 5·1 元素分析

に吸収される．

水を吸収して重くなった塩化カルシウムと二酸化炭素を吸収して重くなったソーダ石灰それぞれの質量を測れば，生成した水と二酸化炭素の質量を知ることができる．

元 素 分 析

いま，100 mg の試料を燃やしたところ，310 mg の二酸化炭素と 140 mg の水が発生したとしよう．

二酸化炭素の分子量は 44 であり，そのうち炭素の原子量は 12 であるから，二酸化炭素 310 mg に含まれる炭素の質量は (5·1) 式に従って，84.5 mg である．同様に，水の分子量は 18 であり，そのうち水素は水素原子 2 個分，すなわち 2 であるから，水 140 mg に含まれる水素の質量は (5·2) 式に従って，15.6 mg である．

$$CO_2 \text{の質量} \times \frac{C}{CO_2} = 310 \times \frac{12}{44} = 84.5 \,(\text{mg}) \qquad (5\cdot1)$$

$$H_2O \text{の質量} \times \frac{H_2}{H_2O} = 140 \times \frac{2}{18} = 15.6 \,(\text{mg}) \qquad (5\cdot2)$$

この原子の質量の比を原子数の比に直すには，それぞれの質量を炭素と水素の原子量で割ればよい．その結果は，(5·3) 式に示すように C:H = 7.0 : 15.3 である．この比は原子の個数の比なのだから，簡単な整数の比

でなければならない．炭素数を1として水素数を求めると，1：2.2となる．原子の個数は整数でなければならないので，この比を整数比に直す．すなわち，全体を5倍すると整数の比が求まる．つまり，炭素数：水素数＝5：11となる．

$$\text{Cの個数：Hの個数} = \frac{84.5}{12} : \frac{15.3}{1} = 7.0 : 15.3$$
$$= 1 : 2.2 \text{（Cの個数を1とする）} \quad (5\cdot 3)$$
$$= 5 : 11 \text{（最小の整数比）}$$

以上のことから，この分子の分子式が C_5H_{11} の何倍か，すなわち n を適当な整数として $(C_5H_{11})_n$ であるということがわかる．この式を**実験式**という．

2. 分子量を決める

分子式を決定するためには，前節の実験式 $(C_5H_{11})_n$ の n を決定する必要がある．そのためには，分子量を求める必要がある．このようなときに活躍するのが，**質量スペクトル**（マススペクトル，**MSスペクトル**）である．

イオン化

MSスペクトル測定装置は，分子の分子量を測定する装置である（図5・2）．測定試料は装置のイオン化室に入れられる．ここで，分子に高エネルギーの電子を衝突させて分子中の電子を弾き出し，カチオン（陽イオン）化させる．

分子が二つの原子団AとBからなるABとすると，(5・4)式に示すように高エネルギーの電子の衝突によってカチオン AB^+ が生じる．このカチオン AB^+ は高エネルギー状態になっているので，自発的に分解してカチオン A^+，B^+ となる．この結果，イオン化室には3種類のカチオン，AB^+，A^+，B^+ が存在することになる．

$$AB^+ \longrightarrow \begin{array}{l} A\cdot + B^+ \\ A^+ + B\cdot \end{array}$$

正確にいうと，上の二つ反応が起こり，A^+，B^+ ができるのである．

$$AB \xrightarrow{-e^-} AB^+ \xrightarrow{\text{分解}} A^+ + B^+ \quad (5\cdot 4)$$

質量の測定

3種類のイオンの分子量が$AB^+ > A^+ > B^+$の順に大きくなっているとしよう．いま，図5・2に示すようにイオン化室から適当な距離にマイナスに荷電したフィルムを置いて，イオン化室の窓を開けたとしよう．プラスに荷電したイオンは窓から飛び出してフィルムに衝突し，フィルムを感光させる．

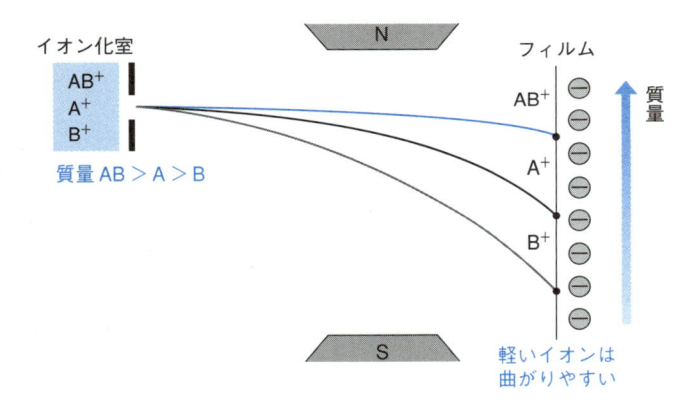

図 5・2　MSスペクトル測定装置

このイオンの行路に磁石を置いたとしたらどうなるだろうか．イオンの行路は湾曲する．湾曲の仕方はイオンの質量によって異なる．軽いイオンほど曲がり方が大きくなる．すなわち，3種類のイオンAB^+，A^+，B^+はそれぞれフィルムの異なった位置を感光させることになる．あとは，質量のわかっている基準イオンを用いて各イオンの質量を決定すればよい．

仮想分子のMSスペクトルを図5・3に示した．質量が最も大きく，分子量を示すピークを，**分子イオンピーク**（M^+）という．最も高いピークは**基準ピーク**（ベースピーク）といい，分子が分解して生成したカチオンのうちで，最も安定なイオンの質量を示す．

図5・3のMSスペクトルは，スペクトルのなかで最も大きいピークである基準ピークを100として，他のピークの強度を基準ピークに対する百分率で表している．

分子量がわかれば，分子式のnが求まり，分子式が決まることになる．

70　II. 有機分子の構造を知る

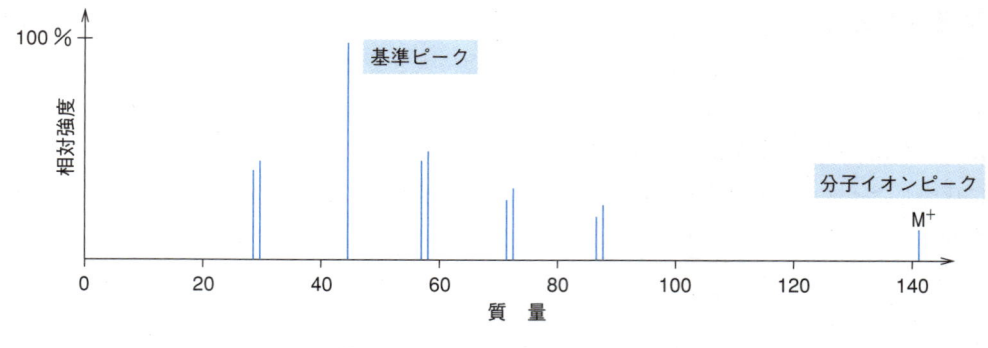

図5・3　仮想分子のMSスペクトル

分子イオンピークの値から分子量は142となる．これから$n=2$と求まり，分子式は$C_{10}H_{22}$ということになる．

分子式が直接決定できる

MSスペクトルの測定感度と精度は非常に高い．高分解能MSスペクトルを用いると，分子量を小数点以下4桁まで測定することができる．この結果，分子量を測定すると，どの種類の原子が何個含まれているかを決定することができる．すなわち，MSスペクトルを測定することによって，分子式を直接決定できるのである．これは，前節で述べた元素分析が不要になったことを意味する．

> MSスペクトルの欠点の一つは，必ずしも分子イオンピークが観測されないことである．MSスペクトルのイオン化法は各種の方法が開発されている．もし，あるイオン化法で分子イオンピークが観測されない場合には，他の方法を試す必要がある．

3. スペクトルの原理

構造決定によく用いられるスペクトルには，MSスペクトルのほかにUVスペクトル，IRスペクトル，NMRスペクトルがある．これら3種類のスペクトルは分子のエネルギー状態と電磁波の相互作用を測定するものである．ここではスペクトル解析のための基礎知識として，分子のエネルギー状態をごく簡単に見ておこう．そしてそのまえに，スペクトルで用いられる電磁波である光とエネルギーの関係についてふれておく．

光のエネルギー

　光は**電磁波**であり，波長 λ と振動数 ν をもつ．図 5・4 は電磁波の波長とエネルギーの関係である．電磁波のエネルギーは振動数 ν に比例し，波長 λ に反比例する．すなわち，波長が長ければエネルギーは小さく，波長が短いとエネルギーは大きい．

　私たちが光として感じる可視光線は，波長が 400 nm から 800 nm のものであり，このなかに虹の七色がすべて入っている．すなわち，400 nm 付近の波長が短い光は青く，800 nm 付近の長い光は赤く見える．波長が 400 nm より短く，高エネルギーであれば紫外線，逆に 800 nm より長く，低エネルギーであれば赤外線となる．

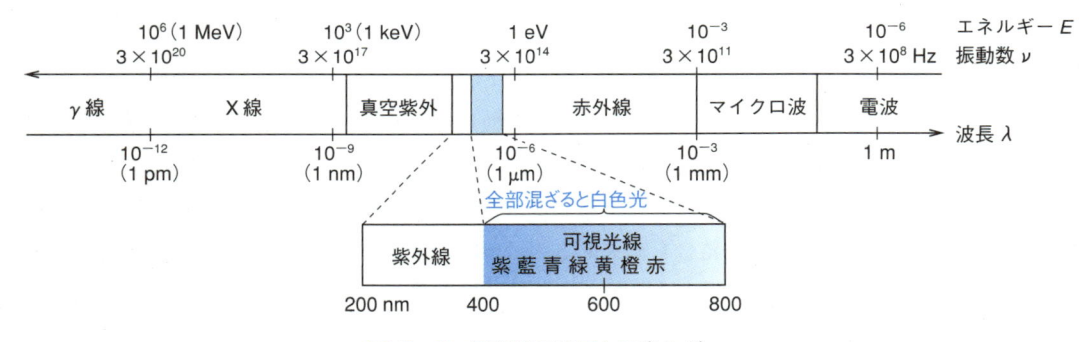

図 5・4 電磁波の波長とエネルギー

　電子が π 軌道間を移動するには，比較的大きなエネルギーが必要なので可視光のエネルギーが必要である．一方，振動や回転のエネルギーを変化させるためには赤外線のエネルギーがちょうどよい．

π 結合と p 軌道

　1 章で見たように，原子の電子軌道（原子軌道）1s, 2s, 2p などは固有のエネルギーをもっていた．分子の電子軌道（分子軌道）も同様である．このように，各軌道が固有のエネルギー値しかとらないことを，エネルギーが"量子化"されているという．

　分子ではすべてのエネルギーが量子化されており，軌道エネルギーだけでなく振動や回転のエネルギーも量子化されているが，そのエネルギー間

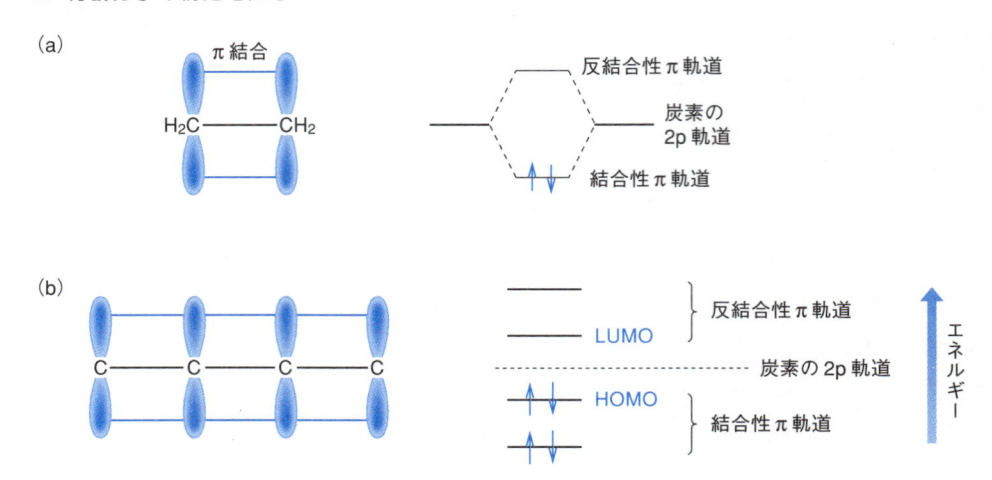

図 5・5 π結合軌道．(a) エチレン，(b) ブタジエン

π結合軌道のうちで，2p 軌道よりエネルギーが低い軌道を**結合性π軌道**，エネルギーが高い軌道を**反結合性π軌道**という．

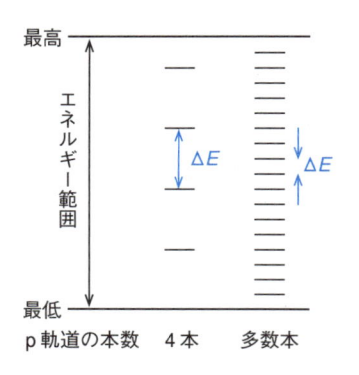

共役系を構成する p 軌道の本数が多くなる（共役系が長くなる）と，軌道間のエネルギー差 ΔE は小さくなる．

隔は軌道エネルギー＞振動エネルギー＞回転エネルギーの順になっている（「5. IR スペクトル」参照）．

ここでは二重結合を含む分子の軌道エネルギーについて考えてみよう．二重結合を構成するのはσ結合とπ結合である．このうちσ結合のエネルギーは非常に大きく，光のエネルギーには影響されない．そのため，スペクトルを取扱う場合には，π結合だけを考慮すればよい．

図5・5(a)はエチレンのπ結合エネルギーを表したものである．エチレンのπ結合を構成するp軌道は2本であり，それに応じてπ結合の軌道も2本ある．このように，π結合の軌道はπ結合を構成するp軌道の本数と同じ本数だけできる．したがって，4本のp軌道からできるブタジエンのπ結合は4本の軌道をもつことになる（図5・5b）．

π結合のエネルギー

π結合の軌道がとることのできるエネルギーは，最低エネルギーと最高エネルギーの範囲が決まっている．この一定のエネルギー範囲内にπ結合の軌道が入ることになる．すなわち，エチレンなら2本，ブタジエンなら4本である．このため，π結合を構成するp軌道の本数が多くなるにつれ，π結合の軌道間のエネルギー差は小さくなる．すなわち，共役系が長くな

るほど，軌道間のエネルギー差は小さくなるのである．

　図5・5(b) に示すようにπ結合を構成するπ電子は，原子の電子が軌道に入るときと同様に，エネルギーの低いπ軌道から順に軌道に入る．そして，1本の軌道には2個まで入ることができる．そのため，電子が入るのはπ軌道のうち，エネルギーの低い半分だけである．電子が入っている軌道のうち最高エネルギーの軌道を**最高被占軌道**（highest occupied molecular orbital, **HOMO**（ホモ）），空の軌道で最低エネルギーのものを**最低空軌道**（lowest unoccupied molecular orbital, **LUMO**（ルモ））という．

エネルギー吸収とスペクトル

　図5・6(a) に示すように二重結合に光が照射されると，エネルギーの低い軌道（HOMO）にあるπ結合の電子は光のエネルギーを吸収して，エネルギーの高い軌道（LUMO）へ移動する．したがって，吸収された光のエネルギーΔEを測定すれば，π結合のエネルギー間隔がわかり，共役系

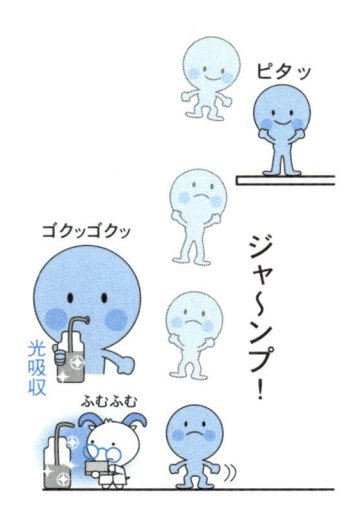

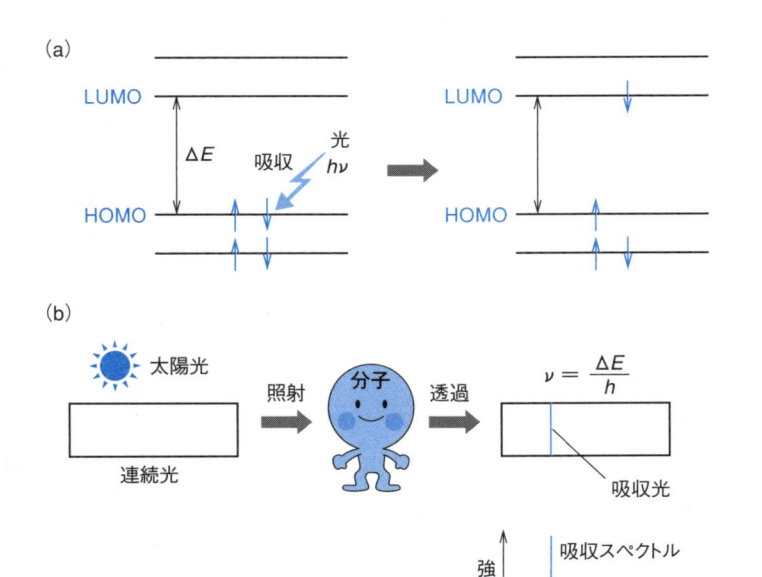

図 5・6　エネルギーの吸収 (a) とスペクトル (b)

の長さがわかることになる（後述）.

このとき，エネルギー差ΔEに相当する波長$\nu(\Delta E/h)$の光が吸収されるので，透過光をプリズムに通せば，その波長の部分だけ光が欠けて黒くなる．これが**スペクトル**である（図5・6b）．このような光の吸収によるスペクトルを**吸収スペクトル**といい，一方，発光によるものを**発光スペクトル**という．

以上のように，吸収スペクトルは分子が吸収する光のエネルギーを測定するものであり，これによって，分子のエネルギー状態を推定することができる．

4. UVスペクトルは二重結合の情報を与える

紫外－可視吸収スペクトル（ultraviolet-visible absorption spectrum, UVスペクトル）は**紫外線**（ultraviolet ray）と**可視光線**（visible ray）を用いたスペクトルであり，π軌道のエネルギーに関する情報を与えてくれる．

分子に紫外線，もしくは可視光線を照射すると，HOMOの電子は光のエネルギーを吸収してLUMOへ移動する．このとき，吸収する光の波長は，その分子のHOMO–LUMOエネルギー差によって異なることになる（図5・6参照）．軌道のエネルギー間隔は共役系の長さによって異なる．このため，UVスペクトルを測定すると共役系の長さに関する情報を得ることができる．すなわち，二重結合が3個連続した共役系か，それとも5個連続した系なのかを区別することができるのである．

スペクトルの実際

図5・7(a)はUVスペクトルの一例である．横軸は波長λ（ラムダ）であり，縦軸は**吸収係数**（吸光係数），すなわち吸収の強度を表す．最も強い吸収の起こる波長を**極大吸収波長**といい，この波長のエネルギーがHOMO–LUMOエネルギー差に相当する．

極大吸収波長と共役系の関係

図5・7(b)はUVスペクトルを用いて測定した，極大吸収波長（振動数

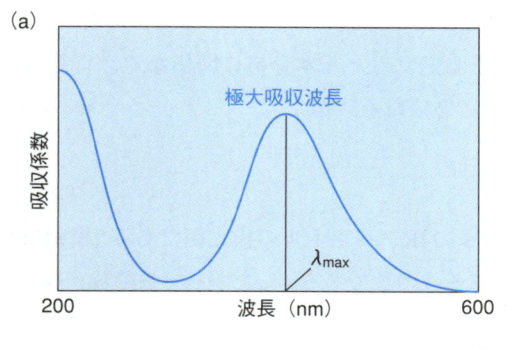

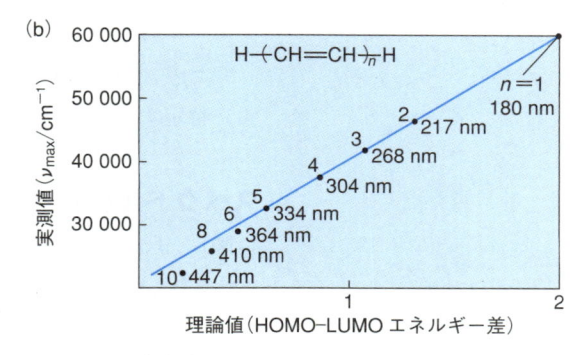

図 5・7 UV スペクトル

に換算）のエネルギー（縦軸）と HOMO–LUMO エネルギー差の関係である．両者の間に良い直線関係が認められる．この直線関係を用いることにより，UV スペクトルより HOMO–LUMO エネルギー差を推定することができ，それから，共役系の長さを知ることができる．図 5・7(b) の直線の上に記した数字は二重結合の個数，すなわち，共役系の長さである．

5. IR スペクトルは官能基の情報を与える

赤外線吸収スペクトル（infrared absorption spectrum, **IR スペクトル**）は**赤外線**（infrared ray）を用いたものであり，分子の振動エネルギーに関する情報を与える．すなわち，分子は赤外線のエネルギーを吸収して，より激しい振動や回転運動を行う．このとき，分子が吸収するエネルギーは，分子に含まれる官能基によって異なる．

具体的には，IR スペクトルを測定すると，その分子に含まれる官能基の種類が簡単に，かつ明瞭にわかる．

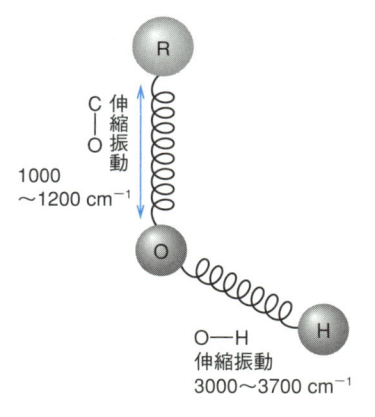

図 5・8 官能基の振動

分子と官能基

官能基は分子の基本骨格に結合した置換基である．図 5・8 はこの関係を表したものである．すなわち，官能基を構成する原子は，固有の強さのバネで基本骨格に結合しているものとみなされる．各バネの強度は分子の他の部分に影響されない．したがって，各官能基は基本骨格に関係なく，

一定の振動エネルギーを示す.

つまり，IRスペクトルを測定すると基本骨格に関係なく，官能基の種類を特定することができることになる.

スペクトルの実際

図 5・9(a) は仮想的な分子のIRスペクトルの模式図である．横軸は波数 $\tilde{\nu}$ であり，1cmの間に含まれる波の数である．したがって振動数 ν（ニュー）と同じように，エネルギーに比例する.

図 5・9(b) に示したように，官能基によって特定の位置に吸収を示す．よって，スペクトルに現れた吸収の位置により，どのような官能基があるかがわかることになる．このように，官能基が示す特有の吸収をその官能基の**特性吸収**という.

$$\tilde{\nu} = \frac{1}{\lambda} = \frac{\nu}{c}$$

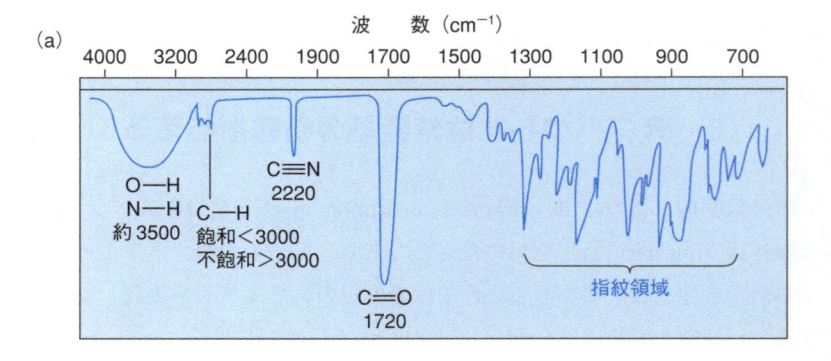

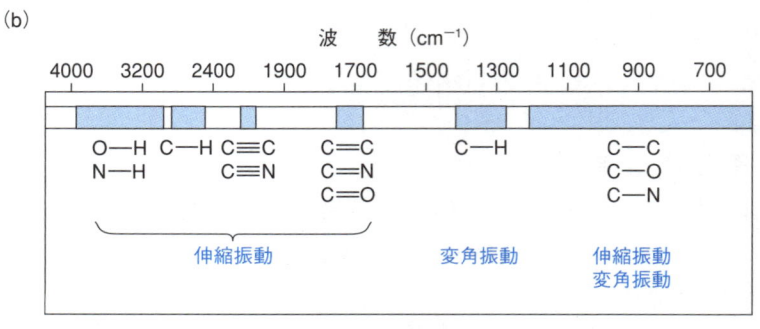

c：光速

図 5・9　IRスペクトル

特性吸収

図5・9(b)に各種の官能基の特性吸収の位置を示した．3500 cm^{-1}を中心に現れる大きな吸収はO-H，N-H結合の存在を示す．2200 cm^{-1}に現れる細い吸収はニトリル基CNに基づく．1700 cm^{-1}付近に現れる吸収はカルボニル基C=Oに基づくものであり，非常に強い吸収である．

このように，特性吸収を見れば，その分子にどのような官能基が存在するかが明瞭にわかる．IRスペクトルは測定が簡便なこともあり，構造決定に強力な情報を与えてくれるスペクトルである．

低波数領域に現れる複雑な吸収は解析は困難である．しかし，分子によって固有のパターンを与えるので，**指紋領域**とよばれる．

指紋？

分子は固有の指紋領域をもつ．

6. NMRスペクトルは原子と磁場の関係を利用する

核磁気共鳴スペクトル（nuclear magnetic resonance spectrum, **NMRスペクトル**）は原子核と磁場の関係を用いて，分子内の原子核に関する情報を与える．

磁場と原子核

NMRスペクトルは水素原子（^{1}H），炭素原子（^{13}C）をはじめ，各種の原子核について測定される．ここでは，最もよく測定される水素原子のNMRスペクトルについて説明しよう．

NMRでは，^{1}H核はプロトンとよばれることが多い．

水素原子の原子核はすべて同じエネルギーをもっている．ところが，原

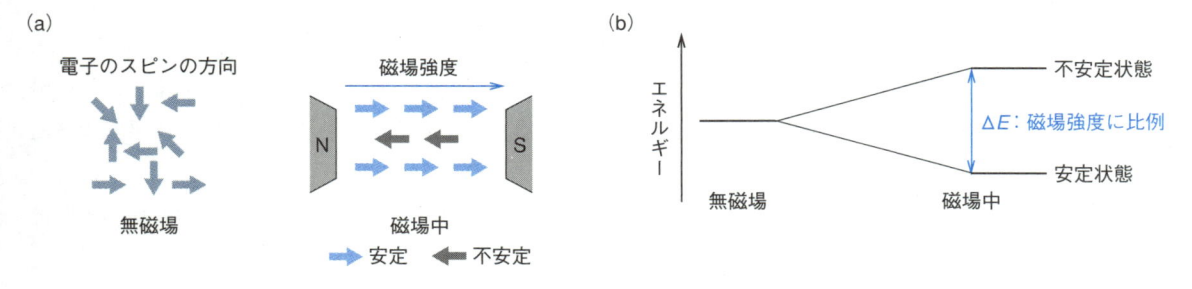

(a) 電子のスピンの方向　磁場強度

無磁場　磁場中　→ 安定　← 不安定

(b) エネルギー　無磁場　磁場中　不安定状態　安定状態　ΔE：磁場強度に比例

図5・10　磁場と原子核

一般に，金属の電気抵抗は低温になると小さくなる．ところが，ある種の金属では極低温（5K程度）になると，抵抗が0となる．この温度を**臨界温度**といい，抵抗が0の状態を**超伝導状態**という．超伝導状態ではコイルに大電流を流しても発熱しないので，強力は電磁石をつくることができる．これを**超伝導磁石**という．

子核を強力な磁場に入れると，エネルギーに違いができ，安定化するものと不安定化するものに分かれる（図5・10）．両者のエネルギー差は用いた磁場の強度に比例する．このため，強い磁場ほど測定に有利であり，現在では，"超伝導磁石"を用いている．

この両者のエネルギー差を測定するのが，NMRスペクトルである．

磁場と電子雲

NMRスペクトルで大切なのは，原子核は電子で包まれているということである．したがって原子核は磁場の強度を，電子雲を通して感じることになる（図5・11）．H^2原子のように電子雲が厚ければ，磁場は原子核に届きにくくなり，磁場による原子核のエネルギーの違いも小さくなる．木枯らし吹く冬の寒いときに，ランニングとパンツだけで外に出たときと，セーターにジャンバーを着て外に出たときの違いを連想すればよい．

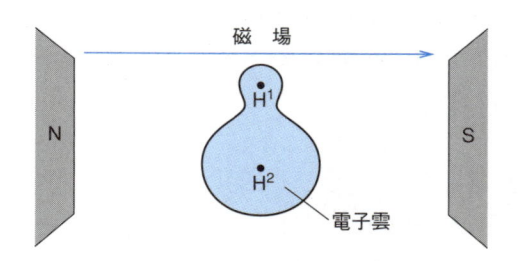

図5・11 磁場中の電子雲

すなわちNMRスペクトルは，原子のまわりにある電子雲の濃度に関する情報を与えてくれるのである．

スペクトルの実際

スペクトルの位置は標準化合物との相対的な位置関係で示される．テトラメチルシラン（TMS, $Si(CH_3)_4$）が標準として用いられる．

図5・12はエタノール CH_3CH_2OH のNMRスペクトルである．横軸は磁場の強度を表し，電子雲の濃度に関する情報を与える．縦軸は吸収の強度である．

スペクトルには三つのグループの吸収が現れている．一番右側の吸収は3本がセットになっている．このような吸収を三重線（トリプレット）という．その左側は1本線（一重線，シングレット）である．さらに，その

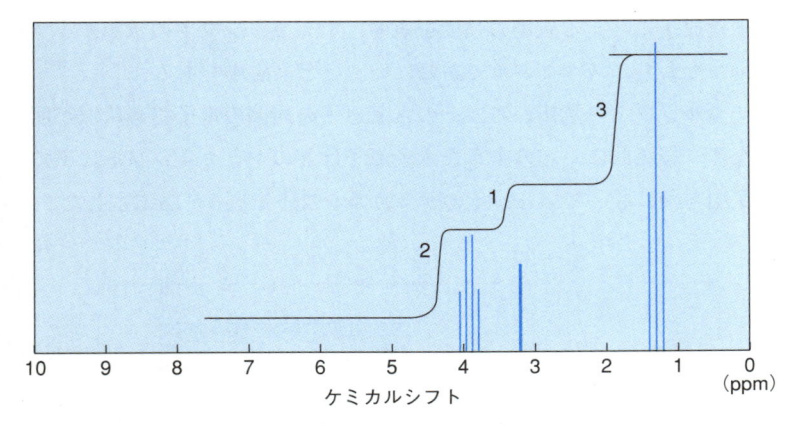

図 5・12 エタノールの NMR スペクトル

左側には4本がひとまとまりになった吸収がある．これを四重線（カルテット）という．このように，3種類の吸収があるということは，分子内に3種類の水素原子があることを示すものである．

7. NMR スペクトルが教えてくれるもの

NMR スペクトルが与えてくれる情報は非常に多い．ここでは，構造決定に関係する情報に限定して見てみよう．

面 積 比

図5・12の階段状の線は各吸収の面積比を表すが，水素のNMRスペクトルでは，この面積比は水素原子の個数比に一致する．したがって面積比を見れば，どの吸収がどの水素に該当するかは明らかである．すなわち，図5・12の一重線はOHの水素，三重線はCH_2，四重線はCH_3の水素を示していることがわかる．

化 学 シ フ ト

図5・12のNMRスペクトルで，横軸は磁場の強度を表していた．これをケミカルシフト（化学シフト）という．単位はppmである．ケミカル

ppm (parts per milion)：100万分の1

シフトは原子に与える磁場の強度を表す．ケミカルシフトの数値が小さいほど，すなわち，スペクトルで右側にいくほど高磁場である．

ケミカルシフトの数値から，その水素原子の周囲の電子雲の状況が明らかになる．経験的に，どのような水素原子はどのケミカルシフトに出てくるかが明らかになっている．そのケミカルシフトを図5・13に示した．

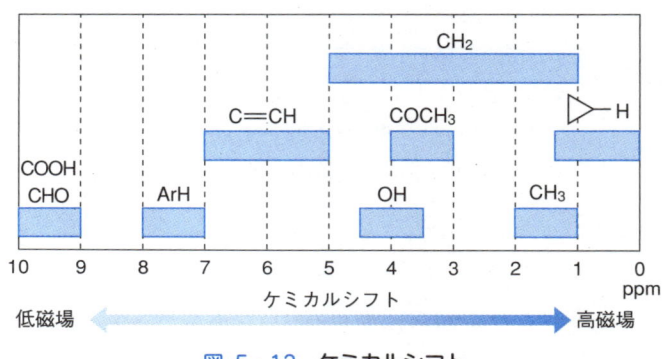

ArHのArはアリール基（表4・1参照）の意味である．

図 5・13　ケミカルシフト

単結合を飽和結合，二重，三重結合を不飽和結合という．飽和結合した炭素に結合した水素を"飽和水素"という．一方，不飽和結合した炭素に結合した水素を"不飽和水素"という．

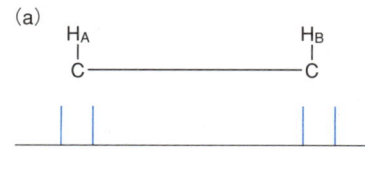

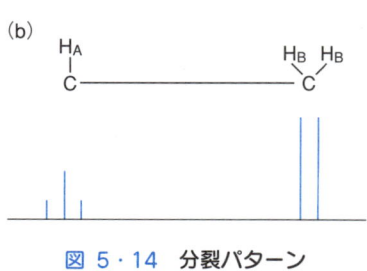

1ppm近辺に吸収をもつ水素は，3員環に結合した水素である可能性が高く，反対に10ppmあたりに吸収をもつ水素は，ほぼ間違いなくアルデヒドの水素に限定される．大切なことはほぼ5ppmを境にして，飽和水素と不飽和水素に分かれることである．ケミカルシフト値が5ppmより小さければ飽和水素，5ppmより大きければ不飽和水素と考えてほぼ間違いない．また，7～8ppm付近であれば，芳香族の水素と考えてほぼ間違いない．

分裂パターン

吸収の分裂パターンは水素原子の位置関係に関する情報を与える．2個の水素 H_A と H_B が互いに隣合った炭素原子に結合していると，この2個の水素の示す吸収は互いに2本ずつに分裂，すなわち二重線，ダブレットとなる（図5・14a）．一般に，水素 H_A の隣りに1個の水素があれば H_A の吸収は2本に分裂し，2個の水素があれば3本に分裂する（図5・14b）．したがって，分裂の様子を見れば，その水素の隣りに何個の水素があるかがわかることになる．

図 5・14　分裂パターン

このように，水素のNMRスペクトルは水素原子に関する直接的な情報を与えてくれる．同様に，炭素のNMRスペクトルは炭素に関する情報を与えてくれる．いまや，NMRスペクトルを欠いての構造決定は考えることができないのである．

8. 分子の写真

各種のスペクトルを見てきたが，分子構造はこれら各種スペクトルの与えてくれる情報を総合的に解析，検討して決めることになる．これはいってみれば，一種のクイズである．ただし，ヒントは必要なスペクトルを測定して自分で自由に集めることができる．したがって，結論は推定にならざるを得ない．「これ以外にあり得ない」とはいえても，「これである」と断定することは難しい．

単結晶X線解析

構造決定の手法には「絶対にこれである」といえる決定法がある．それが**単結晶X線解析**である．分子の結晶にX線を照射すると，X線が分子の原子核のまわりにある電子によって散乱される．その散乱X線が，互いに干渉することによって現れる痕跡を解析することによって，原子の位置を決定する方法である．

これはいわば"分子の写真"に相当するものである．

現在では，構造が複雑で，スペクトル解析では構造決定が困難なものは，単結晶X線解析で構造決定することが多い．ただし，結晶にならない試料に関してはこの方法を用いることはできない．

分子の写真

図5・15は単結晶X線解析の結果（オルテップ図という）を示した．

図5・15(a) に見るように，分子の構造式はもとより，結合角，分子の各部分のねじれなど，分子の立体構造が詳細に表示されている．そればかりでなく，結晶の中における各分子の位置，方向なども知ることができる（図5・15b）．最近，結晶状態の有機物質のもつ性質が注目されるように

なり，単結晶X線解析の重要性はますます高まってきている．

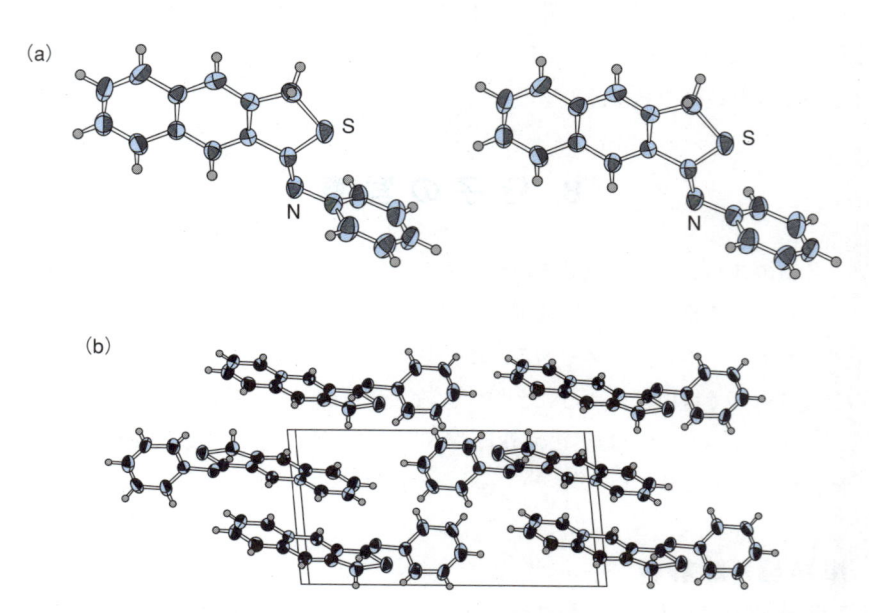

図 5・15 単結晶X線解析の結果．(a) オルテップ図 (3D)，(b) 結晶構造

Ⅲ

有機分子の反応を見る

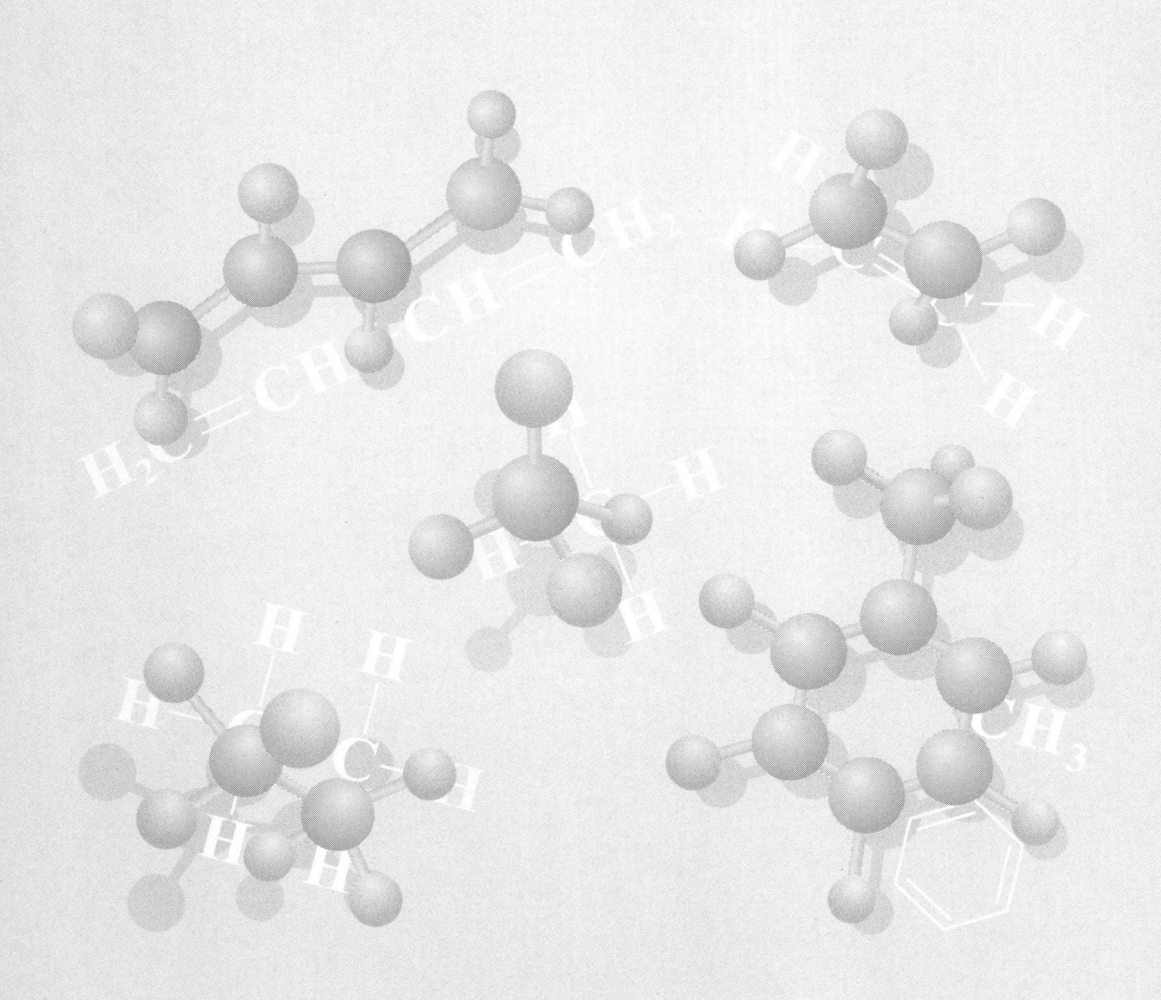

6　有機反応を進めるもの

　有機分子の反応は原子の組替えである．A–B–C–D…とつながったリボンをはさみで切り（結合の切断），適当にのりでつなげる（結合の生成）という操作を繰返す．そうすると，新しい有機分子ができあがる．

　有機化学で扱う反応の種類は非常に多い．しかし，それぞれの反応を調べてみると，共通の要素もあり，どの反応にも適用できる法則のあることがわかる．

　また反応には，それぞれ速度がある．すなわち，1秒も経たないうちに終わってしまう反応もあれば，数週間かかっても終わらない反応もある．

　これら反応の速度を決める重要な要素として，反応にかかわるエネルギー

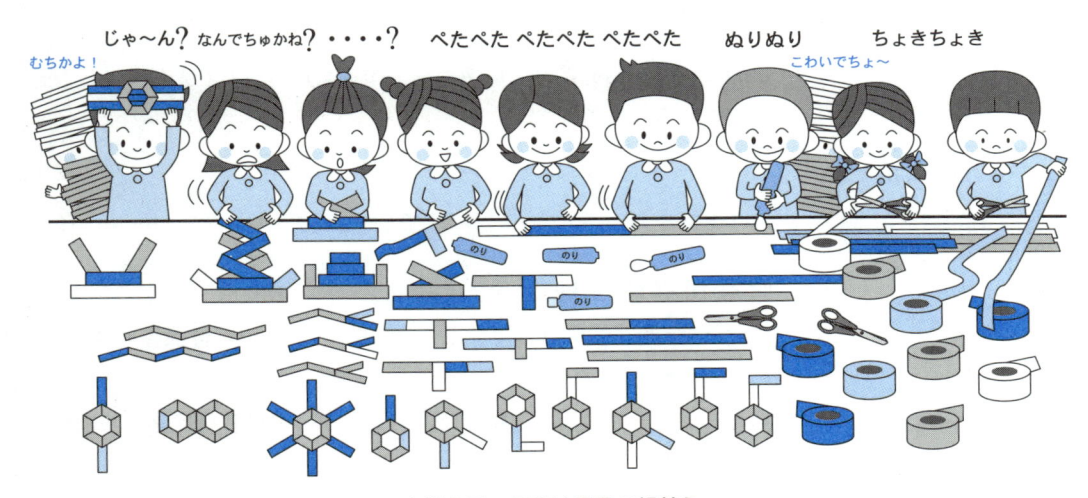

有機分子の反応は原子の組替え

や反応のたどる経路などがある．

ここでは，個々の有機反応について検討するまえに，反応はなぜ起こるのかということを中心に，結合の組替え，反応の速度，反応とエネルギーの関係など，有機化学反応一般について見ていくことにしよう．

1. 化学反応式の意味

化学反応を表す式を**化学反応式**，あるいは単に**反応式**という．化学反応はすべて，この反応式を使って表現される．ここでは反応式の書き表し方，その見方，さらには反応式の意味するものについて見ていこう．

反応式

反応式は矢印→をはさんで，左右に分子式（構造式）が書いてある．反応は矢印の示すとおり，左側から右側へ進行する．左側の分子Aを**出発系**（**出発物**）といい，右側の分子Bを**生成系**（**生成物**）という．

A ⟶ B の例
$H_2C=CH-OH$
⟶ $CH_3-C{\lower1pt\hbox{$<$}}{O \atop H}$

$$A \longrightarrow B \qquad (6\cdot1)$$

反応式(6・1)では，出発系，生成系ともに1個の分子であるが，反応式(6・2)では1個の出発物から2個の生成物が生成している．また，反応式(6・3)では反対に，2個の出発物から1個の生成物が生成している．このように，出発系と生成系の分子の個数に着目しただけでも，反応の種類はたくさんある．

A ⟶ C + D の例
CH_3-CH_2-OH
⟶ $H_2C=CH_2 + H_2O$

A + E ⟶ F の例

$$A \longrightarrow C + D \qquad (6\cdot2)$$

$$A + E \longrightarrow F \qquad (6\cdot3)$$

質量保存の法則

「反応を通じて質量は変化しない」というのが**質量保存の法則**であり，これはすべての反応に適用される．化学反応では原子を単位として反応が行われ，原子の種類は変化しない．したがって，質量保存の法則はつぎのようにいい換えることが可能である．「反応を通じて，原子の種類と個数は変化しない．」

反応式(6・4)〜(6・6)は，原子を用いて質量保存の法則を表したものである．それぞれ，反応式(6・1)〜(6・3)に対応している．

$$a-b-c \longrightarrow a-c-b \quad (6・4)$$
$$(A) \qquad\qquad (B)$$

$$a-b-c \longrightarrow a-b + c \quad (6・5)$$
$$(A) \qquad\qquad (C) \quad (D)$$

$$a-b-c + d-e \longrightarrow a-b-c-d-e \quad (6・6)$$
$$(A) \qquad\quad (E) \qquad\qquad (F)$$

これらの反応式でa，b，cなどは原子を表す．反応式の左側と右側で，原子の種類と個数は同じになっている．ただ，並び方の順番と組合わせが変わっているだけである．これが反応式に見る，具体的な質量保存の法則である．

このように反応式は，基本的に原子の配列の組替えを表している．

質量保存の法則が当てはまらない

しかしながら，有機化学の反応式では，この左側と右側の原子数が等しいという原則が吹き飛んでしまうことがある．反応式(6・7)がその例である．出発物Aから3種類の生成物B，C，Dが生成している．

$$A \longrightarrow B + C + D \quad (6・7)$$

この反応を，分子構造を明らかにして書いたのが反応式(6・8)である．左側の原子数と右側の原子数は一致していない．この反応は，二つの反応式の組合わせになっているのである．これは，反応式(6・4)と反応式(6・5)の組合わせである．すなわち，二つの反応が同時に起こったのである．反応式(6・8)はそれを忠実に書き表している．

$$a-b-c \longrightarrow a-c-b + a-b + c \quad (6・8)$$
$$(A) \qquad\qquad (B) \qquad (C) \quad (D)$$
$$\qquad\qquad\qquad 60\% \quad\;\; 40\% \;\; 40\%$$

この場合には，各生成物の量が問題になる．出発物の何パーセントが生成物になったかを表す数値を**収率**という．生成物の収率を見ると，出発系にある原子の60％は生成物Bになり，残り40％がCとDになったことがわかる．すなわち，分子Aの60％は(6・4)式の反応を起こし，40％は

(6・5)式の反応を起こしたのである.

　有機化学の反応式では，このような表示の仕方が頻繁に行われる．慣れるまで，注意が必要である．

2. 結合の切断と生成

　有機化学の反応では，分子の構造が変化する．分子の構造が変化するためには，分子のどこかで結合が切れ，どこかで新しい結合が生成しなければならない．このような結合の切断や生成が反応式で，どのように表現されるのかを見てみよう．

ラジカル的切断

　σ結合は，2個の電子からなるσ結合電子雲による結合であった．簡単にいえば，2個の電子が結合をつくっている．

ラジカル反応では，1電子の移動を片羽矢印（⇀）で書き表すことに注意.

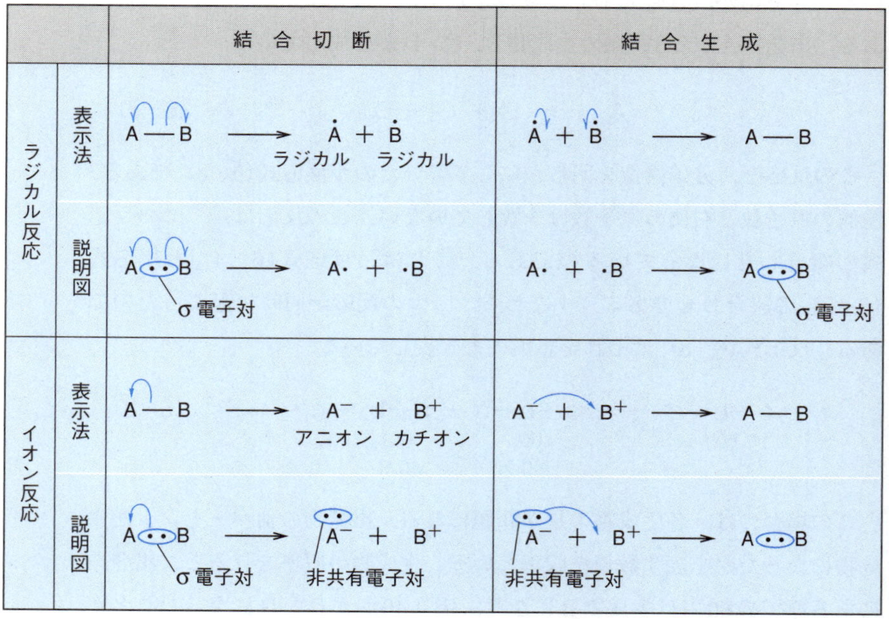

		結 合 切 断	結 合 生 成
ラジカル反応	表示法	A—B → A· + ·B 　　　　ラジカル　ラジカル	A· + ·B → A—B
	説明図	A◯◯B → A· + ·B 　└σ電子対	A· + ·B → A◯◯B 　　　　　　　└σ電子対
イオン反応	表示法	A—B → A⁻ + B⁺ 　　　　アニオン　カチオン	A⁻ + B⁺ → A—B
	説明図	A◯◯B → A:⁻ + B⁺ 　└σ電子対　非共有電子対	A:⁻ + B⁺ → A◯◯B 　非共有電子対

図 6・1　ラジカル反応とイオン反応

6. 有機反応を進めるもの　89

結合の切断とは，この2個の結合電子を動かすことである．その動かし方には，2種類ある．結合A–Bに関して，それぞれの電子の動かし方を図6・1に示した．

まず，2個の結合電子を，結合している原子団A, Bにそれぞれ1個ずつ付属させる方法である．このような切断を**ラジカル的切断**といい，生成したA・, B・それぞれを**ラジカル**という．

イオン的切断

もう一つは，2個の電子をそっくり片方の原子に付属させるものである．このような切断を**イオン的切断**という．2個の電子をもらったAは，中性状態より電子が1個増えていることになる．したがってAは，マイナスに荷電したアニオン（陰イオン）である．反対に，Bは電子が1個不足することになるのでプラスに荷電し，カチオン（陽イオン）になる．

結合の生成

結合の生成は切断の反対の過程である．したがって，ここでも2種類の方法，つまりラジカル的なものとイオン的なものがある．

2個のラジカルAとBが電子を1個ずつ出し合って結合電子とする結合が，ラジカル的な結合生成である．

一方，アニオンA^-とカチオンB^+の間での結合生成が，イオン的な結合生成である．アニオンが所有する2個の電子がそっくり結合電子として使われる．

電子の移動

イオン的な結合の切断・生成で注意を要するのが，反応式に使われる矢印である．反応式では，反応の方向を示すために反応式の両辺を結ぶ矢印→のほかに，曲がった矢印が多用される．この矢印は電子対の動きを表すものである．すなわち，2個の電子からなる電子対（結合電子）がどのように動くかを表している．

イオン的な結合の生成では，電子対はアニオンがもっている．したがって，矢印はアニオンから出発してカチオンに向かうことになる．大きな分

反応式に書いてある曲がった矢印は，分子が物理的に移動する方向を表すものではないことに注意しなければならない．

子の反応になると，矢印はアニオンのアニオン部分からカチオンのカチオン部分に向かうことになる．このように，曲がった矢印は電子対の動きを表すものである．

3. 反応速度と半減期

反応には速い反応もあれば，遅い反応もある．反応の速度を表す言葉として**反応速度**がある．ここでは反応の速度について見てみよう．

反応の進行と量の変化

出発物Aが生成物Bに変化する反応式(6・9)における，物質の量の変化を考えてみよう．

$$A \xrightarrow{k} B \qquad (6・9)$$

最初に反応容器にあるのは，Aのみであるとしよう．一般に，物質の濃度は[A]のように物質を表す記号Aを[ ]で囲って表す．反応が開始すると，出発物Aは生成物Bに変化するので，Aの濃度は減りはじめ，それと同時にBの濃度が増加しはじめる．その様子を図6・2に示した．縦軸は濃度であり，横軸は時間である．横軸は反応の進行の程度を表すので，**反応座標**といわれることもある．

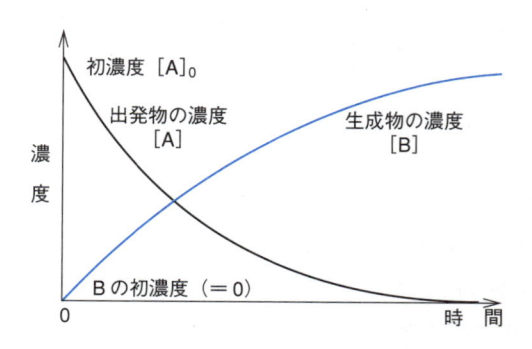

図 6・2 出発物と生成物の時間変化

時間の増加とともにAの濃度は減少し，Bの濃度は増加する．最初（時間 $t=0$）の濃度を**初濃度**といい，$[A]_0$で表す．各時間でのAの濃度とBの濃度を足せば，Aの初濃度に等しくなる．

反応速度式

反応 (6・9) の反応速度 v はつぎの式で表される.

$$v = -\frac{d[A]}{dt} = \frac{d[B]}{dt} \quad (6 \cdot 10)$$

すなわち，反応速度は出発物Aあるいは生成物Bの濃度 [A]，[B] の時間変化になる．ただし，[A] は減少する量であり，[B] は増加する量である．そのため，両者にプラスとマイナスの符号を付けて調整する必要がある．

一般に，このような反応では反応速度 v は (6・11) 式のように，出発物の濃度 [A] に比例する．

$$v = k[A] \quad (6 \cdot 11)$$

この (6・11) 式を**反応速度式**といい，比例定数 k を**反応速度定数**という．また，この式は濃度 [A] に関して1次なので，このような反応速度式で表せられる反応を**1次反応**という．

$v = k[A]^2$
上記のような反応速度式で表せられる反応は**2次反応**である.

半減期

図6・3は，反応A→Bにおける出発物Aの濃度変化である．初め ($t = 0$) の濃度を100（100％と考えてもよい）としよう．反応が進行するとAの濃度は減少し，ある時間が経つと，最初の半分の濃度50になる．この濃度が半分になるのに要した時間を**半減期**といい，$t_{1/2}$ で表す．時間がさらに半減期 $t_{1/2}$ だけ過ぎたら，すなわち，最初から $2t_{1/2}$ だけ過ぎたら濃度は，

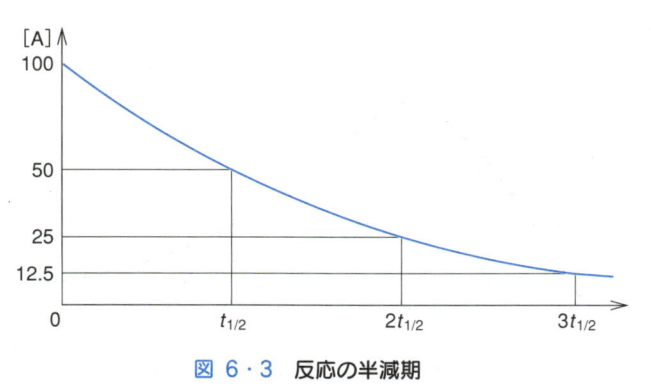

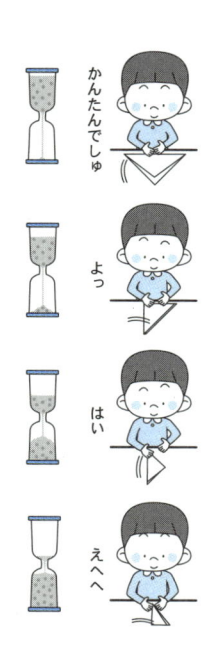

図 6・3　反応の半減期

最初の濃度の $(1/2)^2$ である 25 になる．これが半減期の意味である．

1次反応の速さを比較するには，半減期を比較するのが便利である．半減期の短い反応は速い反応であり，半減期の長い反応は遅い反応である．

4. 逐次反応と律速段階

反応のなかには，いくつかの反応が連続して起こる反応がある．

逐次反応

反応式(6・12)は，出発物Aが途中の物質Bを経て最終生成物Cになるものである．

$$\text{A} \longrightarrow \text{B} \longrightarrow \text{C} \qquad (6\cdot 12)$$

この反応は，A→BとB→Cという二つの反応が続いて起こっているものと考えることができる．このとき，AからCができる全体の反応を**逐次反応**という．一方，AからB，BからCになるそれぞれの反応を**素反応**という．ここでAは出発物，Cは生成物であるが，途中の生成物Bを特に**中間体**ということがある．

図6・4は，各物質の濃度の時間変化である．反応が開始されると，AはBに変化するから，Aの濃度は減少し，代わりにBの濃度が増加しはじ

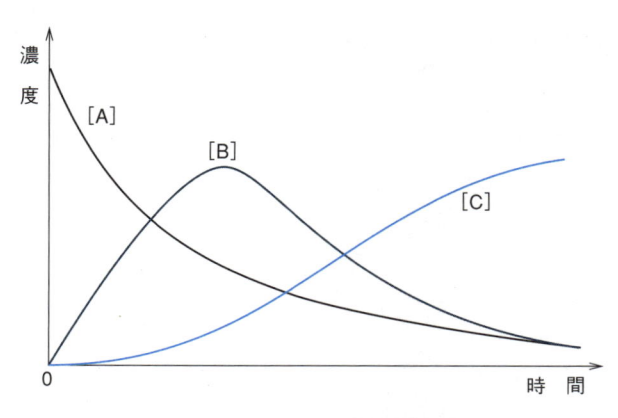

図 6・4 逐次反応における各物質の濃度の時間変化

める．しかし，BはCに変化していく．したがって，反応が完全に終わった段階では，A，Bはともに消失して，最終生成物Cだけになる．しかし，反応の途中段階では，中間体Bがある濃度に達することがある．Bの濃度は，Bが生成する速度と，生成したBが減少する速度の組合わせで決まることになる．図6・4はBの濃度が極大点をもつ例である．

律速段階

　逐次反応にも速い反応と遅い反応がある．逐次反応が速い，あるいは遅いというのはどういうことだろうか．

　家族でのピクニックを考えてみよう．野原を家族が歩く速さはどうなるだろうか．一番遅く歩いているのは，幼稚園通いの妹である．この妹の歩く速度が，家族全体の進行の速度になる．すなわち，一番遅い妹が家族全体の速度を決めている．

　逐次反応の反応速度も同じである．最も反応速度の遅い段階が全体の速度を決める（律する）．このため，最も遅い素反応を**律速段階**という．

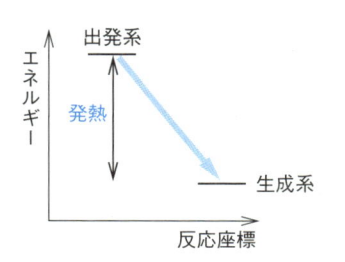

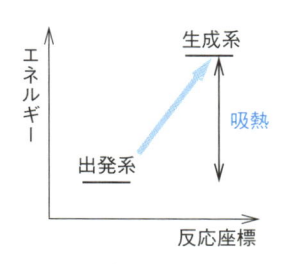

5. 活性化エネルギー

　炭を燃やすと熱くなる．これは燃焼という化学反応に伴って，エネルギーが発生していることを示している．反応とエネルギーの関係を見てみよう．

反応エネルギー

　炭素と酸素を反応させる（燃焼）と発熱する．これは炭素と酸素からなる出発系と，二酸化炭素という生成系のエネルギーを比較すると，生成系のほうが低いため，その差のエネルギーが熱として放出されたためである．このような反応を**発熱反応**という．

　それに対して，生成系のほうがエネルギーが高く，外界からエネルギーを供給しなければならない反応を**吸熱反応**という．図6・5のように，反応の進行に伴って出入りするエネルギーを**反応エネルギー**（**反応熱**）という．

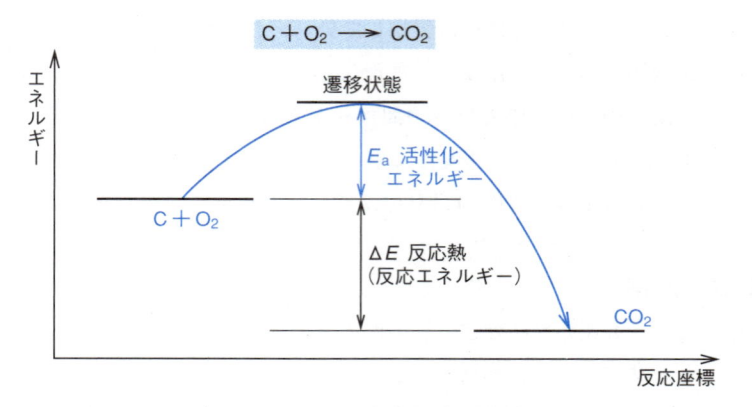

図 6・5　発熱反応と活性化エネルギー

活性化エネルギー

一般に反応は，エネルギーの高いほうから低いほうへ進行する．

炭素と酸素が別々に存在する出発系と，二酸化炭素となった生成系のエネルギーを比較すると，後者のほうが低い．それでは，すべての炭素はただちに酸素と反応して二酸化炭素になるのかといえば，決してそのようなことはない．

遷 移 状 態

図6・5に示すように反応が進行するためには，越えなければならないエネルギーの山がある．このエネルギーを"活性化エネルギー"といい，山の頂上に相当する状態を"遷移状態"という．

炭素と酸素は，瞬時にして二酸化炭素になるわけではない．途中で過渡的な状態をとり，二酸化炭素になっていく．この過渡的な状態は一般に不安定で，高エネルギー状態である．このような状態のうち，最もエネルギーの高い状態が**遷移状態**なのである．

すべての反応は遷移状態を経由して進行する．この遷移状態に達するためのエネルギーが**活性化エネルギー**である．ただし，いったん反応が進行すれば，それに伴って放出される反応エネルギーが活性化エネルギーを補うため，反応はつぎつぎと進行することになる．

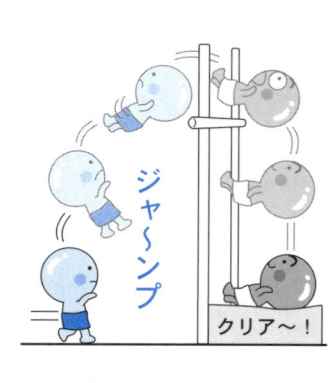

中間体と遷移状態

図 6・6 は逐次反応のエネルギー変化である．出発物 A が中間体 B を経由して生成物 C になる．中間体と遷移状態の違いは何だろうか．答えは明白である．中間体は反応 A→C の途中に存在するエネルギー的に安定な物質である．それに対して，遷移状態は反応の途中に現れる最もエネルギーの高い状態である．

すなわち，図 6・6 でいえば，中間体はエネルギー曲線の谷に相当する．

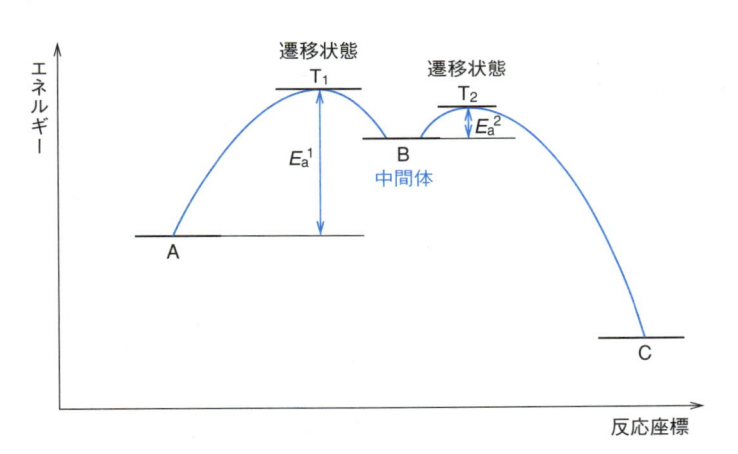

図 6・6 逐次反応のエネルギー変化

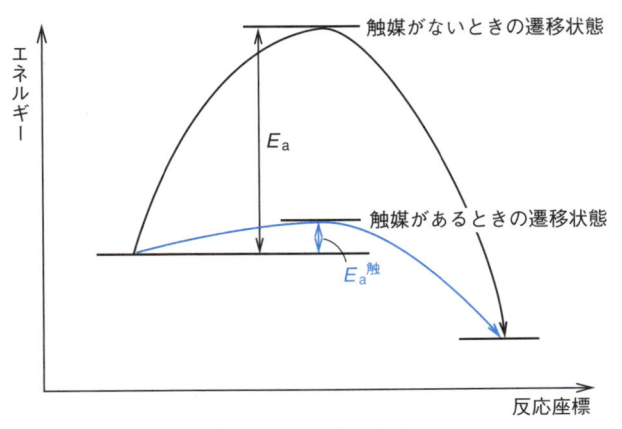

図 6・7 触媒の働き

それに対して，遷移状態は頂上に相当する．実験上の工夫をすれば，中間体は取出すこともできるが，遷移状態を取出すことは不可能である．

触　媒

　反応速度を変化させるが，自分自身は反応によって変化しない物質を**触媒**という．一般に反応を速くする物質を触媒といい，遅くする物質を"触媒毒"という．触媒は出発物に作用して遷移状態のエネルギーを下げ，活性化エネルギーを小さくすることにより，反応を進行しやすくする物質である（図6・7）．

7 飽和結合の反応

　有機反応の種類は非常に多い．有機反応は原子の組替えであり，それは結合を切断し，新たに結合を生成して分子をつくることである．本書では，反応に関与する有機分子の結合に着目して有機反応を分類することにする．まず，単結合（飽和結合）の反応から見てみよう．
　ここでは単結合の反応のなかで，置換基が交換する反応である"置換反応"と大きな分子から小さな分子がはずれる"脱離反応"について説明する．これらの反応はそれぞれ，反応がどのような反応機構によって進行するかで，さらにいくつかの種類に区別することができる．

置換反応をする女性たち

1. 置 換 反 応

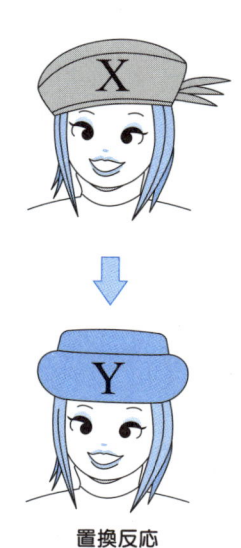

　置換反応とは，文字どおり置き換わる反応である．置き換わるのは，置換基ということになる．例えるなら鏡の前で，どの帽子（置換基）にしようかと迷っている女性は置換反応をする有機分子に相当することになる.

　一般的な反応を (7・1) 式に示した．出発物には置換基 X が付いている．置換反応が進行して生成物になると，置換基はもとの X から新しい Y に変化している．すなわち，出発物の置換基 X が，生成物では Y に置き換わっているのである．このように，出発物の置換基が，他の置換基に置き換わる反応が**置換反応**（substitution reaction）である．

$$R-X + Y^- \longrightarrow R-Y + X^- \qquad (7・1)$$

置換反応

単結合の置換反応

　置換反応には多くの種類がある．そのうち，単結合の関与するものとして，"1分子求核置換反応（S_N1 反応）" と "2分子求核置換反応（S_N2 反応）" がある．S_N1 反応と S_N2 反応の違いは，基本的には，律速段階に関与する分子が1分子か，2分子かの違いである．しかし，両反応の違いはそれだけにとどまらず，反応速度，生成物の立体配置にまで影響してくる．

芳香族化合物の置換反応

　芳香族化合物は安定であり，一般に反応性に乏しい．その芳香族化合物の行う反応は，主として置換反応に限られる．ベンゼンの置換反応の例を (7・2) 式に示した．

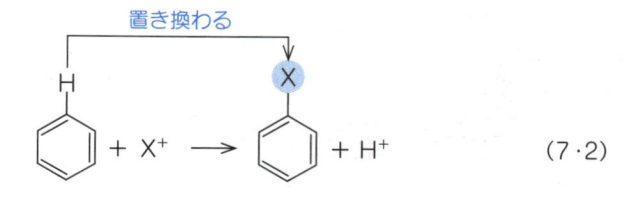

$$C_6H_5\text{-}H + X^+ \longrightarrow C_6H_5\text{-}X + H^+ \qquad (7・2)$$

例でわかるとおり，ベンゼンの置換反応では，もともとベンゼンに付いていたある置換基Xが他の置換基に置き換わるのではなく，ベンゼンの水素原子が置換基Xに置き換わる．このように，水素のみが置き換わる反応も置換反応という．

芳香族化合物の置換反応は，第8章で詳しく紹介する．

2. 1分子求核置換反応：S_N1 反応

1分子求核置換反応には，三つの意味が込められている．"1分子的"で"求核的"な反応であり，そして"置換反応"である．"置換反応"の意味は前節で見たとおりである．しかし，"1分子的"と"求核的"の二つは，ここではじめて登場した．この二つは，有機化学反応ではともに大切な言葉である．それぞれの意味について見ていくことにしよう．

反応機構

反応を解析すると，置換反応(7・3)は2段階で進行していることがわかる．

反応式(7・4)，(7・5)は，置換反応(7・3)が実際にどのように進行するかを，順を追って詳しく見たものである．このようなものを**反応機構**という．

$$R_3C-X + Y^- \longrightarrow R_3C-Y + X^- \qquad (7・3)$$

$$R_3C-X \longrightarrow R_3C^+ + X^- \qquad (7・4)$$

$$R_3C^+ + Y^- \longrightarrow R_3CY \qquad (7・5)$$

反応式(7・4)の第一段階では，出発分子の結合（C-X）がイオン的に切断されている．その結果，分子はR_3C^+というカチオン部分（炭素骨格部分）と，X^-という置換基のアニオン部分に分裂する．その後，反応式(7・5)に示すようにカチオン部分R_3C^+に，他の置換基Y^-が攻撃して生成物になる．

攻撃試薬

R_3C^+とY^-が反応するとき，どっちがどっちを攻撃すると考えればよい

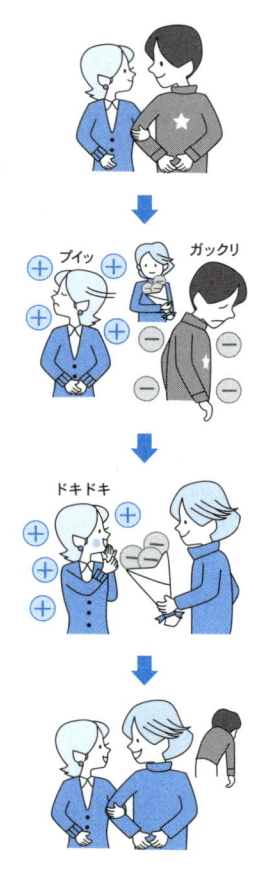

大きい R₃C⁺
小さい Y⁻
攻撃試薬

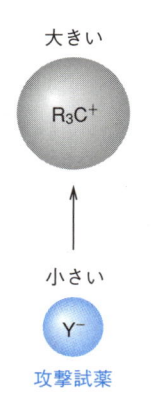

図 7・1 小さな分子が攻撃試薬となる

のだろうか．R₃C⁺ を Y⁻ が攻撃すると考えればよいのか，それとも，Y⁻ を R₃C⁺ が攻撃するのか．攻撃する，攻撃されるは相対的なもので，どちらでもよいようなものだが，一般に，小さな分子を**攻撃試薬**と考える（図 7・1）．今回は R₃C⁺ より Y⁻ が立体的に小さいので，Y⁻ が攻撃試薬となる．

1 分子反応

反応を反応速度論的に解析すると，反応(7・4) と反応(7・5) では反応(7・4) の反応速度のほうが小さく，律速段階になっていることがわかる．この反応は，出発分子が自発的に分解する過程である．すなわち，律速段階の速度に関係する分子は出発分子のみである．このように，律速段階が 1 分子で進行する反応を **1 分子反応**というのである．

求核反応

反応(7・5) では，カチオン部分 R₃C⁺ をアニオン Y⁻ が攻撃している．静電引力によって，アニオンは相手分子の電気的にプラスの部分を目がけて攻撃することになる．

原子において，電気的にプラスの部分は原子核であり，マイナスの部分は電子雲である．そのため，プラス部分を目がける攻撃を，原子核を求める攻撃という意味で**求核攻撃**といい，そのような攻撃をする試薬を**求核試薬**という．反対に，マイナスの部分（電子）を求める攻撃を**求電子攻撃**，そのような試薬を**求電子試薬**いう．

S$_N$1 反応

以上で見てきたように，求核試薬によって 1 分子的に起こる置換反応を，**1 分子求核置換反応**（one molecular nucleophilic substitution），略して **S$_N$1 反応**という．

3. S$_N$1 反応の反応速度

反応の速度を決めるには，いろいろな要素がある．反応速度を解析すると，反応の機構などがわかる．

反応速度の違い

反応(7・6)はアルコール誘導体に，$ZnCl_2$ の存在下で HCl を作用させると，アルコールのヒドロキシ基 OH が Cl に置換されて塩化物となる反応である．

$$R_3C-OH + HCl \xrightarrow{ZnCl_2/HCl} R_3C-Cl + H_2O \qquad (7 \cdot 6)$$

この反応を各種のアルコール **1**，**2**，**3** を出発物として行うと，反応速度に大きな違いが出てくる．

$$\underset{\boldsymbol{1}}{CH_3-\underset{\underset{H}{|}}{\overset{\overset{H}{|}}{C}}-OH} \ < \ \underset{\boldsymbol{2}}{CH_3-\underset{\underset{H}{|}}{\overset{\overset{CH_3}{|}}{C}}-OH} \ < \ \underset{\boldsymbol{3}}{CH_3-\underset{\underset{CH_3}{|}}{\overset{\overset{CH_3}{|}}{C}}-OH}$$

アルコール **3** の反応は塩酸を加えると同時に終了する，非常に速い反応である．それに対してアルコール **1** の反応は，加熱しない限りほとんど進行しないほど遅い．反応の起こりやすさ，**3 > 2 > 1** の順である．なぜ，このような違いが生じるのだろうか．

中間体の安定度

上記の反応は S_N1 反応で進行するものである．すなわち，反応はカチオンを経て進行する．ここでカチオン **4**，**5**，**6** はそれぞれ，アルコール **1**，**2**，**3** から生じたものである．

$$\underset{\boldsymbol{4}}{CH_3-\underset{\underset{H}{|}}{\overset{\overset{H}{|}}{C^{\oplus}}}} \qquad \underset{\boldsymbol{5}}{CH_3-\underset{\underset{H}{|}}{\overset{\overset{CH_3}{|}}{C^{\oplus}}}} \qquad \underset{\boldsymbol{6}}{CH_3-\underset{\underset{CH_3}{|}}{\overset{\overset{CH_3}{|}}{C^{\oplus}}}}$$

メチル基　　1個　　<　　2個　　<　　3個

各カチオンの性質を検討してみよう．これらのカチオンの炭素原子に結合しているメチル基の個数を数えてみよう．カチオン **6** にはメチル基が3

個付いている．それに対して，カチオン **4** では1個しか付いていない．

先に表4・3で見たように，メチル基は相手に電子を供給する電子供給基である．すなわち，メチル基は，自分が結合しているカルボカチオン（炭素陽イオン）に電子を供給して，カチオンの炭素原子を安定化させる働きがあるのである．当然，このような安定化の効果は，メチル基の個数が多いほど大きいことになる．すなわち，カルボカチオンの安定度はメチル基の個数に応じて，**4** ＜ **5** ＜ **6** となる．

中間体と遷移状態

図7・2は，上記の反応の出発物，中間体，生成物，および遷移状態のエネルギー関係を表したものである．カチオン中間体 **6** と **4** を比べてみよう．上で見た理由により，中間体 **6** が **4** よりも安定である．そのため，各中間体を与えるための活性化エネルギー E_a も，**6** を与える反応のほうが小さくなっている．結果的に，**6** を経由して **3** を生成する反応のほうが，**4** を経由して **1** を生成する反応よりも起こりやすくなったのである．

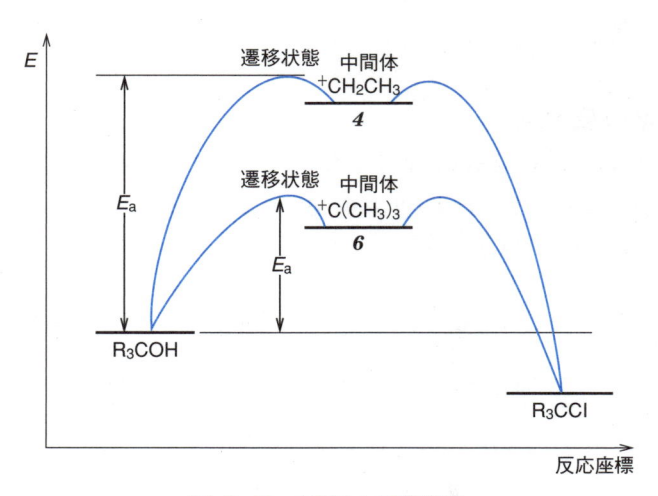

図 7・2　中間体と遷移状態

4. 2分子求核置換反応：S_N2反応

　1分子求核置換反応に対比するものとして，**2分子求核置換反応**（S_N2**反応**）がある．"2分子"の意味は，律速段階が2分子で進行することである．

2分子求核置換反応の反応機構

　S_N2反応の反応機構は，反応式(7・7)に示したとおりである．

$$R-X + Y^- \longrightarrow R-Y + X^- \qquad (7\cdot7)$$

　この反応は1段階で進行する．すなわち，求核試薬 Y^- が出発分子を求核的に攻撃して生成物を与える．反応はこの1段階しかないのだから，この反応が律速段階である．そして律速段階が，出発分子と攻撃試薬という2個の分子で進行するので，**2分子反応**とよばれることになる．

電子の動き

　この反応の電子の動きを反応式(7・8)に示した．まず，求核試薬 Y^- の非共有電子対が，矢印で示されたように出発分子の炭素原子を攻撃する．同時に，それに伴って，置換基 X が結合電子の電子対をそのままもって X^- として脱離する．

$$R-X + Y^- \longrightarrow R-Y + X^- \qquad (7\cdot8)$$

　このように，反応機構を表す反応式の中にある構造式に付けられた矢印は電子対の動きを表す．したがって，矢印は電子対から出発することになる．すなわち矢印は，この例のように非共有電子対から出発するか，あるいはマイナス電荷から出発することになる．

S_N1反応とS_N2反応の違い

　ここまでに見たように，S_N1反応と S_N2反応とでは明らかに反応機構が異なる．それではこの違いは，実際の現象にはどのような違いとなって現

れてくるのだろうか．ここでは，反応速度の違いに注目してみよう．

S_N1 反応では，反応速度を支配する律速段階に関与する分子は出発分子 RX の 1 分子だけである．したがって，分子 RX がたくさんあれば反応は速く進行し，少なければ遅い．すなわち (7・9) 式に示すように，反応速度 v は出発分子 RX の濃度だけに比例する．ここでは，求核試薬 Y^- の濃度は反応速度に関係しない．

一方，S_N2 反応では律速段階に RX，Y^- の両方が関与する．RX，Y^-，どちらかの濃度が高ければ反応は速く進行し，低ければ遅い．すなわち (7・10) 式に示すように，反応速度は RX，Y^- 両方の濃度の積に比例する．

$$R-X + Y^- \longrightarrow R-Y + X^-$$

$$S_N1 : v = k[R-X] \tag{7・9}$$

$$S_N2 : v = k[R-X][Y^-] \tag{7・10}$$

このように，反応速度に影響する試薬を検討すれば，その置換反応が S_N1 で進行しているか，S_N2 で進行しているかがわかることになる．

5. *1 分子脱離反応(E1 反応)と 2 分子脱離反応(E2 反応)*

脱離反応（elimination reaction）とは，大きな分子から小さな分子がはずれる（脱離する）反応である．脱離する置換基 X を**脱離基**という．ここでは小さな分子として HX が脱離し，残り部分がアルケンになる反応を見てみよう．

1 分子脱離反応

律速段階が "1 分子" で進行する脱離反応を **1 分子脱離反応**（**E1 反応**）という．反応式 (7・11) は E1 反応の例である．

$$\underset{1}{\overset{\displaystyle P-\underset{Q}{\overset{X}{C}}-\underset{Q}{\overset{H}{C}}-P}{}} \xrightarrow{-HX} \underset{2}{\overset{\displaystyle \underset{Q}{\overset{P}{>}}C=C\underset{Q}{\overset{P}{<}}}{}} + \underset{3}{\overset{\displaystyle \underset{Q}{\overset{P}{>}}C=C\underset{P}{\overset{Q}{<}}}{}} \tag{7・11}$$

E1反応の反応機構は図7・3に示したとおりである．すなわち，出発分子 **1** から，脱離基（置換基）X が結合電子をそのままもってアニオン X⁻ として脱離する．そのため，分子の残り部分はカチオン中間体 **4**, **5** となる．その後，このカチオン中間体から水素が H⁺ として自発的に脱離し，最終生成物を与える．生成物の結合は二重結合になる．

出発分子 **1** から生じたカチオン中間体 **4** で，中央の C—C 結合が回転すると，二つの回転異性体 **4**, **5** が生じ，そこから H⁺ が除かれるので，最終生成物は **2**, **3** の2種類が基本的に1：1の比で生じることになる．

図 7・3　E1 反応の反応機構

2 分子脱離反応

律速段階が 2 分子的に進行する反応を **2 分子脱離反応**（**E2 反応**）という．反応式(7・12)は E2 反応の例である．

$$(7\cdot12)$$

E2 反応の反応機構は図7・4に示したとおり，出発分子 **1** にアニオン B⁻ が求核攻撃することによって開始される．したがって，律速段階に出発分子とアニオンの2分子が関与することになるので，"2分子反応" という．

E1 反応との大きな違いは，この反応機構の違いのほかにもう一つある．それは生成物である．E1 反応では **2** と **3** の両方が生じたが，E2 反応では **3** しか生じない．

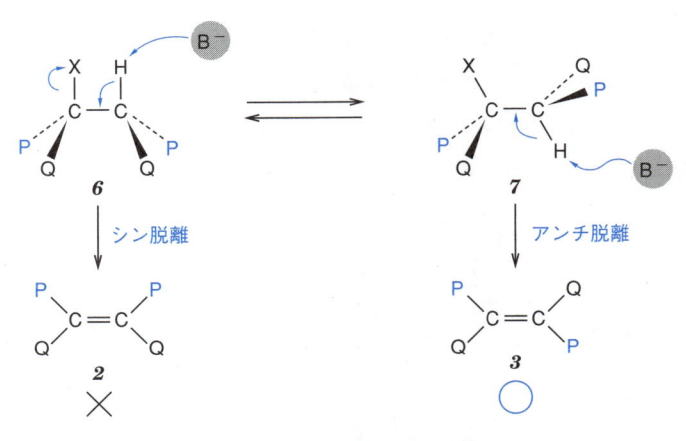

図 7・4 E2 反応の反応機構

選 択 性

E2 反応の生成物は，E1 反応と同様，**2**, **3** の 2 種類が生成する可能性がある．しかし，E2 反応では **3** のみが優先的に生成する．このように，2 種類の生成物が生じる可能性があるのに，そのうちの片方だけが優先的に生成することを**選択性**という．

E2 反応での選択性は図 7・4 に示した機構によって説明される．すなわち，**2** が生じるためには，中間状態 **6** のように脱離基 X と脱離する水素 H が分子の同じ側にあることが必要である．一方，**3** が生じるためには，中間状態 **7** のように X と H が反対側になければならない．前者を**シン脱離**，後者を**アンチ脱離**という．

中間状態 **6** では，両方の炭素に付いた置換基が空間的に重なる重なり形であり，**7** は重なりを避けたねじれ形である．このため，両方の中間状態の安定性を比較すると **7** のほうが安定となり，その結果，生成物は **3** となるのである．

6. 試薬の大きさの影響

　反応式(7・13)に示すように分子**1**から臭化水素HBrが脱離する反応は，E2反応機構で進行する．**1**から生じる可能性のある生成物は**2**と**3**の2種類である．すなわち，脱離するHがC_1からはずれれば生成物**3**が生じ，一方C_3からはずれれば生成物**2**が生じる．表7・1は，反応に2種類のアニオンB^-を用いた場合に生成する**2**と**3**の比を表したものである．すなわちE2反応では，ここにも選択性が働いているのである．

$$CH_3-CH_2-\underset{\underset{CH_3}{|}}{\overset{\overset{Br}{|}}{C}}-CH_3 \xrightarrow[-HBr]{B^-} \underset{\mathbf{2}}{CH_3-CH=C\underset{CH_3}{\overset{CH_3}{<}}} + \underset{\mathbf{3}}{CH_3-CH_2-\underset{CH_3}{\overset{|}{C}}=CH_2} \quad (7 \cdot 13)$$

1

表7・1　E2反応の生成物

B^-	**2**	:	**3**	
$CH_3-CH_2-O^-$	70	:	30	ザイツェフ則
$CH_3-\underset{\underset{CH_3}{|}}{\overset{\overset{CH_3}{|}}{C}}-O^-$	27	:	73	ホフマン則

ザイツェフ則とホフマン則

　分子**1**からHBrが脱離する場合，反応条件によって，**2**が主生成物となる場合と，**3**が主生成物になる場合の二通りがある．

　この反応を支配する法則が二つあり，それぞれをザイツェフ則とホフマン則という．反応がザイツェフ則に従うと生成物は**2**が優位となり，ホフマン則に従うと生成物は**3**が優位になる．どのような反応条件の場合にザイツェフ則に従い，どのような場合にホフマン則に従うことになるのだろうか．

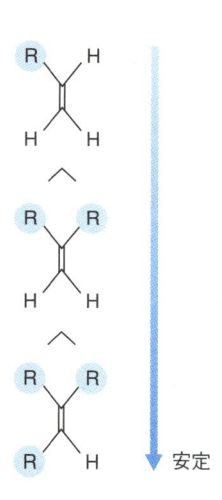

ザイツェフ則

　生成物 **2** と **3** の構造を比べてみよう．すると，二重結合に付いている置換基の個数に違いのあることがわかる．すなわち生成物 **2** では，二重結合のまわりに3個の置換基（メチル基）が付いている．それに対して，生成物 **3** では置換基の個数は2個（メチル基とエチル基）である．

　一般に，二重結合には多くの置換基が付いたほうが安定である．つまり，生成物 **2** と **3** を比較すれば，置換基の多く付いている **2** のほうが安定である．したがって，生成物は **2** のほうが有利になるはずである．これが**ザイツェフ則**である．

ホフマン則

　それではホフマン則に従う反応は，どういう理由でザイツェフ則に従わないのだろうか．その原因は，求核試薬であるアニオン B^- の立体的な大きさである．図7・5に示したとおり，立体的に大きな求核試薬は，C_3 位の両隣りにあるメチル基に邪魔されて C_3 位の水素に近づくことができない．すなわち，C_3 位の水素を攻撃できない．そのため，"仕方なく" C_1 位の水素を攻撃し，その結果，生成物 **3** が生成したのである．これが**ホフマン則**である．

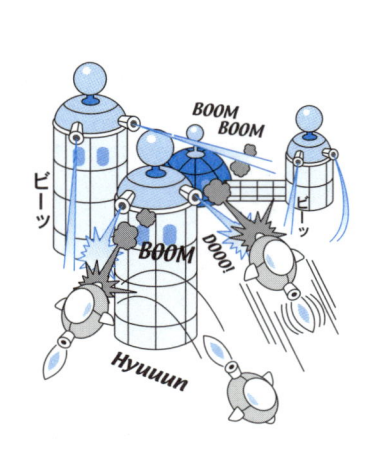

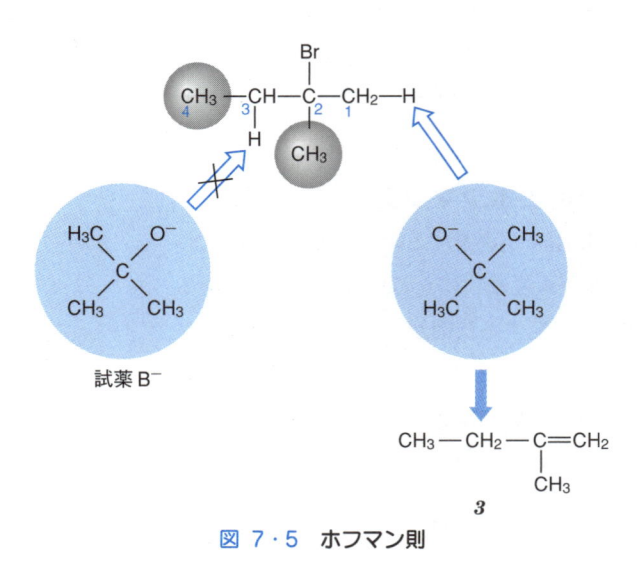

図 7・5　ホフマン則

すなわち，試薬 B^- が立体的に小さければ，C_1 の水素も，C_3 の水素も同じように攻撃できるので，生成物はザイツェフ則に従って **2** が多くなる．それに対して B^- が立体的に大きい場合には，C_1 の H しか攻撃できないので，ホフマン則に従った **3** が生成することになる．

　このように反応には，試薬の電気的な性質（求核性，求電子性），生成物の安定性，試薬の大きさなど，多くの要素が関係しているのである．

8 不飽和結合の反応

　不飽和結合とは二重結合，三重結合のことをいう．二重結合は多くの有機分子に含まれており，それだけに多くの反応の種類がある．それに対して，三重結合の反応の種類はそれほど多くはないし，その多くは二重結合の反応から類推することで理解できる．
　二重結合にはπ結合があり，これが二重結合の反応を特色あるものにする．二重結合の反応の例として，ここではおもに付加反応と酸化反応を見ていくことにしよう．付加反応は不飽和結合に特有の反応であり，生成物

トランス付加　　シス付加　　脱離　　？　　酸化

どれにしようかな〜
まよっちゃうな〜

うっうちろの
こわいでちゅ〜

どの衣装を選ぶかによって反応の種類が決まる

が環状になるものもある．酸化反応では，二重結合に酸素が導入されて，アルコール，ケトン，アルデヒド，カルボン酸など，さまざまな有機分子が生成する．

芳香族化合物も不飽和結合を含むが安定であり，反応性に乏しく，そのおもな反応は置換反応である．

1. シ ス 付 加

不飽和結合の典型的な反応の一つが付加反応である．置換反応，酸化反応，転移反応など，多くの有機化学反応は飽和結合，不飽和結合にかかわらず進行するが，付加反応は不飽和結合に特有の反応である．

付 加 反 応

シス付加は触媒上にある活性水素分子が，一挙に二重結合に付加する反応である．例えれば，手をつないだ恋人同士が，岸（触媒）からボート（分子）に乗り移るようなイメージである．二人とも，ボートの同じ側面（舷側）に飛び乗ることになる．

不飽和結合に分子XYが付加する反応を**付加反応**（addition reaction）という．二重結合の反応では，二重結合を構成する2個の炭素に，それぞれX，Yが付加し，二重結合が単結合に変化する．同様の反応が三重結合に起きれば，三重結合は二重結合になる．

付加反応を立体化学的な観点から見ると，シス付加とトランス付加に分けられる．**シス付加**は付加する分子XYが分子面の同じ側に結合する反応をいい，**トランス付加**は反対に分子面の反対側に付加する反応をいう．

(8・1)式は三重結合に水素分子がシス付加，トランス付加する反応の例である．それぞれ，シス体，トランス体が生成する．

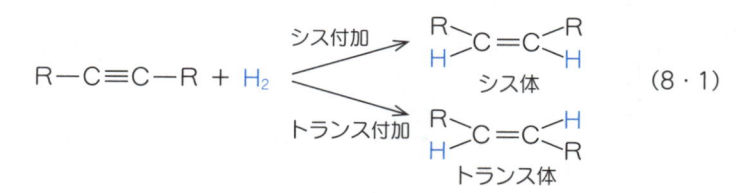

$$R-C\equiv C-R + H_2 \quad \substack{\text{シス付加}\\ \longrightarrow\\ \text{トランス付加}\\ \longrightarrow} \quad \substack{\displaystyle\mathop{C}^{R}_{H}=\mathop{C}^{R}_{H} \text{ シス体}\\ \\ \displaystyle\mathop{C}^{R}_{H}=\mathop{C}^{H}_{R} \text{ トランス体}} \quad (8\cdot 1)$$

まず，シス付加について見ていこう．

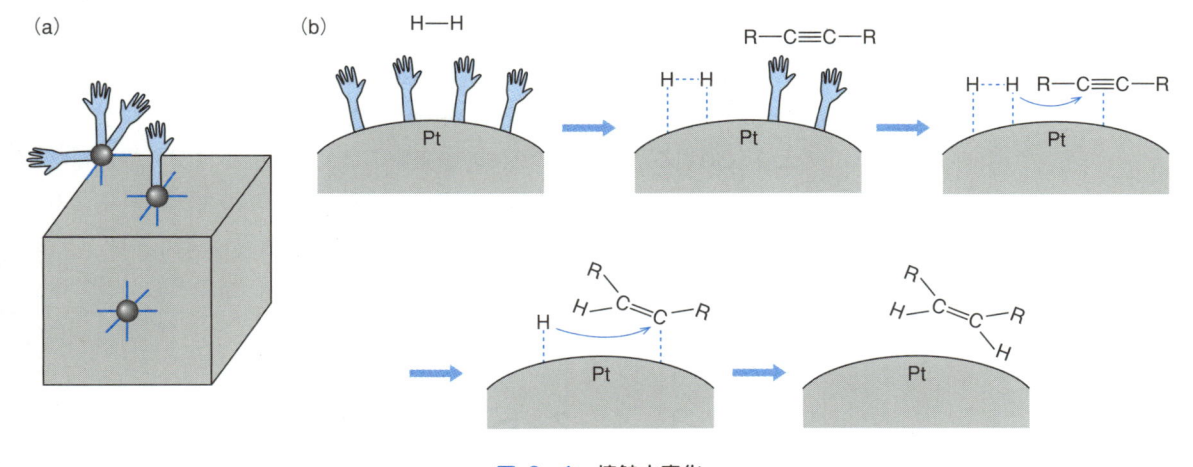

図 8・1 接触水素化

接 触 水 素 化

白金(Pt)やパラジウム(Pd)などの金属を"触媒"として,不飽和結合に水素分子を付加する反応を**接触水素化**(**接触還元**)という.接触水素化はシス付加で進行する.接触水素化では触媒の金属が大きな働きをし,触媒がなければ反応はまったく進行しない.

触 媒 作 用

接触水素化において触媒は水素分子の性質を変化させて,反応性の高い活性水素にする.固体金属は結晶であり,多くの金属原子が三次元的に整然と積み重ねられている.そのため,図8・1(a)に示すように結晶内部にある金属原子は自分の周囲の上下左右前後,あわせて6個の原子と結合している.

一方,固体の表面にいる原子は5個の原子と結合しているので,あまっている結合手が1本ある.ここに,水素分子が寄ってくると,このあまっていた結合手が水素と結合する(図8・1b).すなわち,水素は金属触媒と弱い結合をすることになる.このように新しく金属-H結合をつくることによって,もともとのH-H結合が弱まる.これが活性状態の水素であり,**活性水素**とよばれるものである.

反応機構

図8・1(b) に示すようにこの活性水素の近くに不飽和結合が同じように吸着されると，活性水素が不飽和結合を攻撃し，付加することになる．このとき付加する活性水素の2個の水素原子は，金属触媒に弱く結合した状態である．したがって，攻撃は両方の水素原子がそろって，アルキンの同じ側から攻撃することになる．

このため，アルキンの同じ側に水素原子が付加し，結果としてシス体ができることになる．

2. トランス付加

付加する2個の原子X，Yが分子面の反対側に結合する反応がトランス付加である．

臭素付加反応

トランス付加反応の典型的な例は，**臭素付加反応**である（図8・2）．2種類の置換基P，Qをもったアルケン **1** に臭素分子を反応させると，1個の臭素原子はアルケン分子の上面から攻撃し，もう1個の臭素原子は分子面の下方から攻撃する．このため，生成物のアルカン **2** の2個の臭素原子

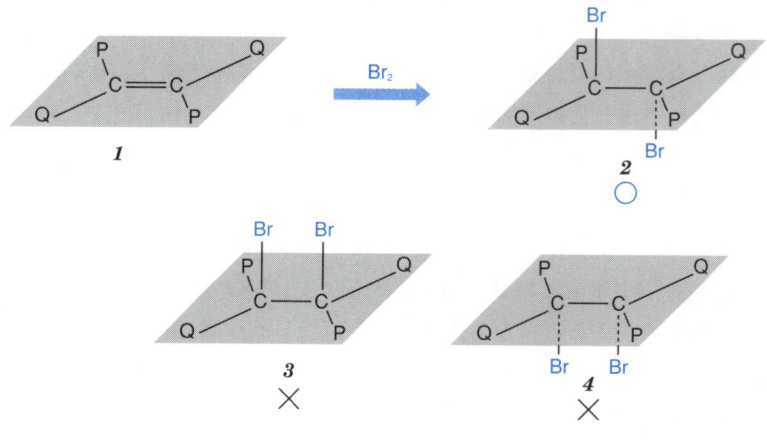

図 8・2　臭素付加反応

は，もともとのアルケンの分子面の上下に分かれて存在することになる．

　もし反応がシス付加なら，2個の臭素原子がそろって上方から攻撃するか，下方から攻撃するかによって，生成物はそれぞれ **3**，**4** となる．生成物 **2** と **3**，**4** は立体的に明らかに異なった分子である．この反応で，シス付加体 **3**，**4** が生成することはない．

トランス付加

　反応は臭素分子が解裂することから始まる．臭素分子は (8・2) 式に示すように，Br^+ と Br^- に解裂する．

$$Br_2 \longrightarrow Br^+ + Br^- \tag{8・2}$$

　図8・3は臭素分子のトランス付加反応である．二重結合 **1** に最初に攻撃するのは，Br^+ である．Br^+ は分子面の上，下，どちらからでも攻撃できる．いま，上側から攻撃したとしよう．Br^+ は，二重結合の π 結合を構成する p 軌道に，上側からかぶさるようにして攻撃し，中間体としてカチオン **2** を生成する．

　このイオンをつぎに攻撃するのが Br^- である．しかし，分子の上面はすでに Br^+ でふさがれている．したがって，空いている分子の下面から攻撃

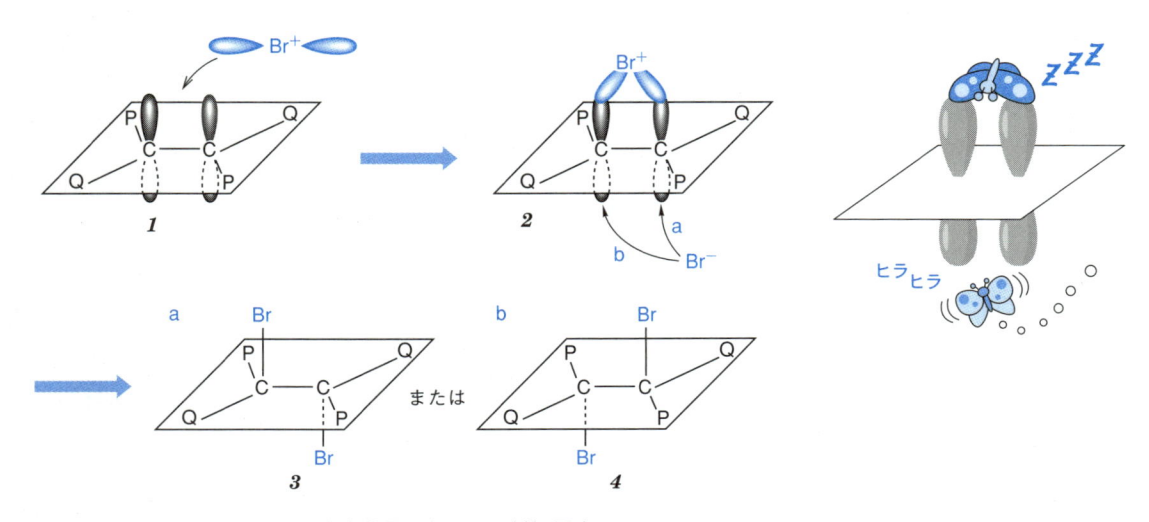

図 8・3　臭素分子のトランス付加反応

せざるを得ないことになる．もし，最初のBr^+の攻撃が，分子面の下側に起きていれば，つぎのBr^-の攻撃は上側になる．いずれにしろ，臭素の攻撃は分子面の上側と下側に分かれて行われることになる．これが，トランス付加の起こる理由である．

立体異性体

カチオン中間体**2**において，Br^-が攻撃する可能性のある炭素原子は2個ある．すなわち，二重結合を構成する2個の炭素のうち，どちらを攻撃するかによって，a, b二通りの攻撃が可能である．それぞれから生成物**3**と**4**が生じる．この両反応は等しい確率で起こる．しかし，この例では**3**と**4**はまったく等しい分子であり，区別はできない．

もし，二重結合に付いている4個の置換基がすべて異なる場合には，a, b両方の反応からは，それぞれ違う生成物が生成する．したがって，2種類のトランス付加体が立体異性体として生成することになる．

3. 非対称な分子の反応

ここまでは，付加反応の立体的な面を見てきた．臭化水素HBrの付加反応は，付加反応の別の問題点を示している．

臭化水素の付加反応

アルケン**1**に臭化水素HBrを付加すると，生成物は**2**になる（図8・4a）．これは臭化水素を構成するHとBrのうち，片方の炭素にH，もう片方にBrが付加したもので，何ら問題はない．

図8・4(b)のアルケン**3**は"非対称な"分子である．すなわち，二重結合を構成する片方の炭素にはアルキル基Rが2個結合しているが，もう片方の炭素には1個しか結合していない．この分子に，HBrを付加させれば，どちらの炭素にHが結合するかによって，**4**, **5**の2種類の生成物が生成する可能性がある．

ところが，実際に生成するのは1種類である．すなわち，生成するのは**5**のみである．**4**は生成しない．なぜだろうか．

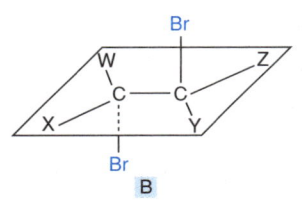

四つの置換基がすべて異なる場合には，トランス付加から2種類の互いに異なる立体異性体A, Bが生じる．

8. 不飽和結合の反応

反応機構

反応は，臭化水素 HBr が解裂することから始まる．HBr は H^+ と Br^- に解裂する．

最初に付加するのは，H^+ である．H^+ が 2 個の不飽和炭素のどちらを攻撃するかによって，a，b の 2 種類の反応経路が考えられる．それぞれの経路から，カチオン中間体 **7**，**8** が生じることになる．

ここで，**7**，**8** の構造を見てみよう．**7** では，カルボカチオン（炭素陽イオン）に 2 個のアルキル基が結合している．一方，**8** のカルボカチオンには，3 個のアルキル基が結合している．

カチオンの安定性

先に置換基効果の項で，アルキル基は電子供給基であることを見た（表 4・3 参照）．すなわちアルキル基は，自分の結合している炭素に電子を供

図 8・4 臭化水素の付加反応

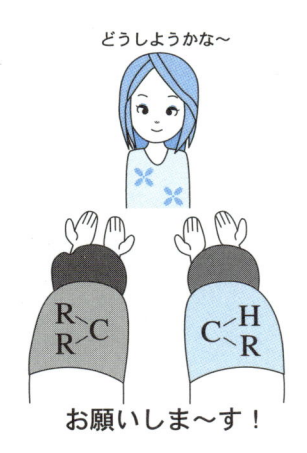

カルボカチオン **7** では，電子が足りないカルボカチオンに，電子を供給するアルキル基が2個しか付いていない．それに対して，**8** では3個も付いている．この結果，カルボカチオン **7** よりも **8** が安定であり，生成しやすいことになる（図7・2参照）．

　カルボカチオン **8** にBr⁻が付加すれば，生成するのは **5** である．この理由によって，生成物としては **5** のみが生成することになる．すなわち，生成物の構造は，中間に生成するカルボカチオンの安定性によって決定されるのである．

マルコウニコフ則

　上で見た結果を形式的に見てみると，二重結合を構成する2個の炭素のうち，臭素が付加した炭素は，もともと多くのアルキル基が付いていた炭素である．このように，二重結合に対する付加反応で，置換基の多い炭素にハロゲンが付加する現象を**マルコウニコフ則**という．しかし，このような現象を"規則"として暗記するのではなく，前項で見たように，理論的に考える習慣を身につけることが大切である．

4. 酸 化 反 応

　炭化水素を十分な酸素の存在下で加熱すれば，最終的には二酸化炭素と水になってしまう．これは燃焼であり，広い意味では酸化反応である．しかし，一般に**酸化反応**（oxdation reaction）というときには，分子の特定の一箇所が酸素と反応する現象をいう．

　二重結合の酸化反応は合成的に有用な反応であり，そのため，多くの酸化反応が開発されている．ここでは，代表的な2種類の反応を見てみよう．

過マンガン酸カリウムによる酸化

　アルケンを過マンガン酸カリウム水溶液と反応すると，2個の飽和炭素にヒドロキシ基が導入された生成物ができる．その反応機構を図8・5に示した．

過マンガン酸カリウムのマンガン原子は+7価である．この過マンガン酸カリウムの2個の酸素が，アルケンの二重結合に付加して環状の中間体を生じる．このとき，炭素は酸素と結合しているので酸化されたことになる．一方，マンガン自身は還元されて+5価となっている．

この中間体が水で分解されて最終生成物となるのである．

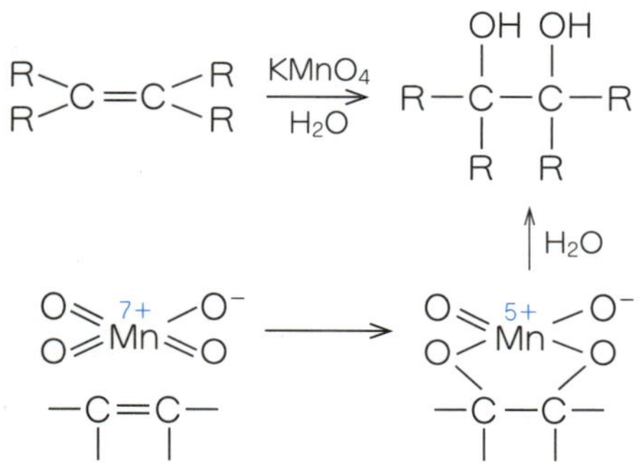

図 8・5　過マンガン酸カリウムによる酸化

オゾン酸化

オゾン O_3 は酸素の同素体であり，生臭い匂いと薄青い色をもった気体である．高空にはオゾンが高濃度で集まったオゾン層があり，宇宙から来る宇宙線を吸収し，地球上の生物を宇宙線の害から保護してくれる．

オゾンは強い酸化作用があり，有機化学の合成反応でも，**オゾン酸化**（**オゾン分解**）として活用されている．オゾン酸化の特徴は，二重結合を酸化して切断してしまうことである．その例を図8・6に示した．アルケンをオゾン酸化すると，2分子のケトンを生成する．

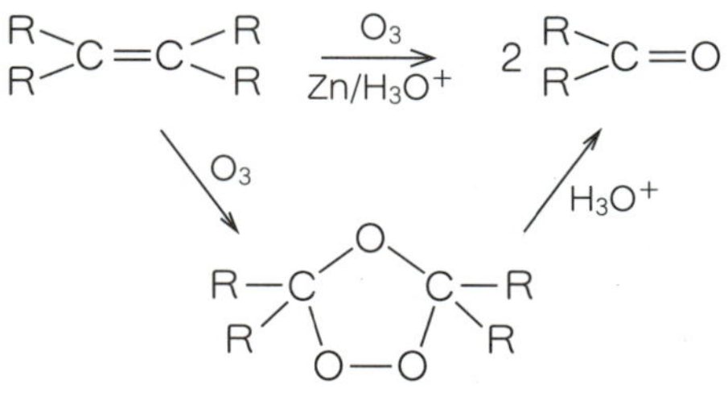

図 8・6　オゾン酸化

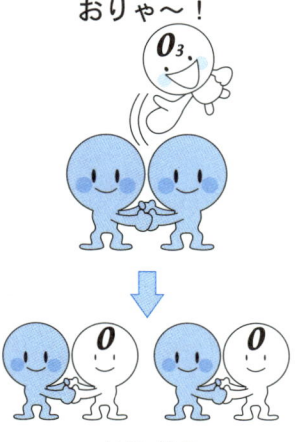

反応は**オゾニド**とよばれる5員環の中間体を経由して進行することが明らかになっている．

酸化生成物

二重結合を酸化して切断した場合の生成物を図8・7にまとめた．4置換の二重結合**1**を酸化すれば，2分子のケトンが生成する．対称的な2置換の二重結合**2**を酸化すると，アルデヒドを生成する．しかし，一般にアルデヒドは酸化されやすいため，さらに酸化されてカルボン酸になることが多い．置換基のない二重結合，すなわちエチレンと酸化すると，二酸化炭素と水が2分子ずつ生じる．

非対称に置換した二重結合の場合には，組合わせで考えればよい．すなわち，3置換の二重結合**3**は，左の炭素は**1**に相当し，右の炭素は**2**に相当すると考えればよい．生成物は1分子のケトンと，1分子のアルデヒドあるいはカルボン酸である．1置換の二重結合**4**からはアルデヒドあるいはカルボン酸と，二酸化炭素，水が生じることになる．

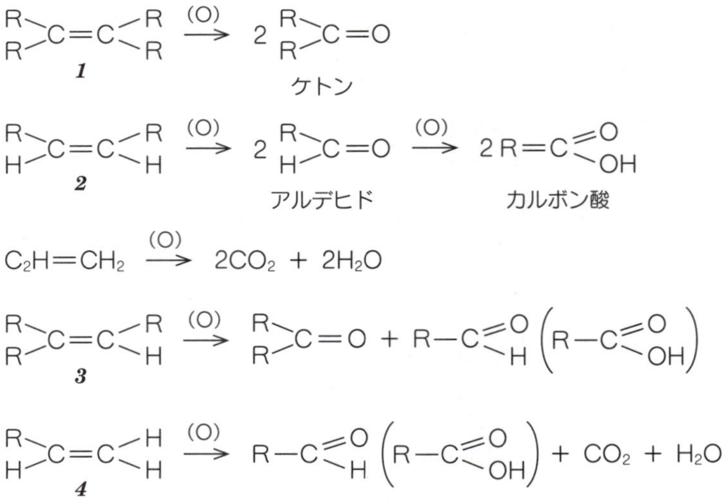

$$R_2C=CR_2 \xrightarrow{(O)} 2\ R_2C=O \quad \text{ケトン}$$
1

$$RHC=CHR \xrightarrow{(O)} 2\ RHC=O \xrightarrow{(O)} 2\ RCOOH$$
2 アルデヒド　　カルボン酸

$$C_2H=CH_2 \xrightarrow{(O)} 2CO_2 + 2H_2O$$

$$R_2C=CHR \xrightarrow{(O)} R_2C=O + RCHO\ (RCOOH)$$
3

$$RHC=CH_2 \xrightarrow{(O)} RCHO\ (RCOOH) + CO_2 + H_2O$$
4

図 8・7　**酸化生成物**

5. 芳香族化合物の反応

芳香族化合物とは，環状の共役化合物で，環内に $2n+1$ 個の二重結合をもった化合物である．典型例はベンゼンである．

一般に芳香族化合物は安定で，反応性に乏しく，その反応はほとんど置換反応に限られている．芳香族化合物の置換反応は求電子試薬による置換が多く，そのようなものは**求電子置換反応**（electrophilic substitution reaction, **S_E反応**）とよばれる．

求電子置換反応

プラスの電荷をもった試薬は，静電引力により，マイナスの電荷を目掛けて攻撃する．分子においてマイナス電荷を担うものは電子である．そのため，このようにプラスの電荷をもつ試薬を**求電子試薬**といい，その攻撃を**求電子攻撃**という．

(8・3)式に示すように，ベンゼンを求電子試薬X^+が攻撃したとしよう．わかりやすいように，ベンゼンには水素を付けて示してある．攻撃によって生成する中間体はカチオンである．ここから，H^+がはずれると生成物になる．

$$(8 \cdot 3)$$

ベンゼンと生成物を比較すると，ベンゼンの水素が置換基Xに置き換わっている．したがって，この反応は置換反応である．結局，ベンゼンに対する置換反応は，求電子試薬による置換反応なので，求電子置換反応（S_E反応）である．

スルホン化

ベンゼンに濃硫酸を作用させると，ベンゼンスルホン酸が生成する

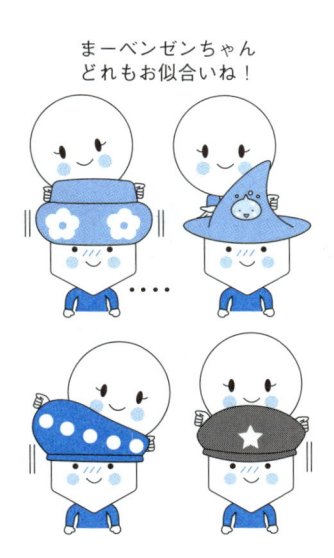

$X^+ \begin{cases} ^+SO_3H & スルホン化 \\ ^+NO_2 & ニトロ化 \\ ^+R & フリーデル–クラフツ \end{cases}$

X^+ の実体が違うだけで，反応の様式（スタイル）としてはまったく同じである．

スタイル X

帽子の色が違うだけで，スタイルはまったく同じである．

((8・4)式)．この反応を**スルホン化**という．

$$\text{ベンゼン} + H_2SO_4 \longrightarrow \text{ベンゼンスルホン酸} + H_2O \quad (8 \cdot 4)$$

硫酸は (8・5)式のように解離して，HSO_3^+ となる．これはカチオンであり，求電子試薬である．さらに (8・6)式のように HSO_3^+ とベンゼンが反応すると，カチオン中間体が生成する．このカチオン中間体から H^+ が脱離すると最終生成物，ベンゼンスルホン酸となる．

$$\text{硫酸} \xrightarrow{H^+} \quad \xrightarrow{-H_2O} \quad (8 \cdot 5)$$

$$\text{ベンゼン} + {}^+S(=O)_2\text{OH} \longrightarrow \text{カチオン中間体} \xrightarrow{-H^+} \quad (8 \cdot 6)$$

ニトロ化

ベンゼンに濃硫酸と濃硝酸の混合物を作用させると，ニトロベンゼンが生成する ((8・7)式)．この反応を**ニトロ化**という．

$$\text{ベンゼン} + HNO_3 \xrightarrow{H_2SO_4} \text{ニトロベンゼン} \quad (8 \cdot 7)$$

反応機構は，求電子試薬の種類が違うだけで，スルホン化とまったく同じである．すなわち，(8・8)式に示すように硝酸が硫酸によって **1** となり，ここから水がはずれてニトロイルイオン（ニトロニウムイオン）が生成する．ニトロイルイオンとベンゼンの反応は，スルホン化とまったく同じで

ある．

$$\text{H-O-N}^{+}\!\!\begin{smallmatrix}=O\\ \diagdown O^{-}\end{smallmatrix} \xrightarrow{H_2SO_4} \text{H}_2\overset{+}{\text{O}}\text{-N}\!\!\begin{smallmatrix}=O\\ \diagdown O^{-}\end{smallmatrix} \xrightarrow{-H_2O} \overset{+}{\text{N}}\!\!\begin{smallmatrix}=O\\ \diagdown O\end{smallmatrix} \quad (8\cdot 8)$$

硝　酸　　　　　　　　　　1　　　　　　　ニトロイルイオン

フリーデル–クラフツ反応

　反応を開発した研究者の名前をとった**フリーデル–クラフツ反応**は，合成的に有用な反応である（(8・9)式）．反応機構はまたしても，求電子試薬が違うだけでスルホン化とまったく同じである．

$$\bigcirc + R-Cl \xrightarrow{AlCl_3} \bigcirc\!\!-R \quad (8\cdot 9)$$

　すなわち，(8・10)式に示すように塩化アルキル RCl と塩化アルミニウムが反応して，アルキルカチオン R^+ が生成する．この R^+ が求電子試薬であり，その反応形式は上に見たものとまったく同じである．

$$R-Cl + AlCl_3 \longrightarrow R^+ + AlCl_4^- \quad (8\cdot 10)$$

9 官能基の反応

　有機分子の性質の，かなりの部分は官能基によって決定される．

　ある分子の官能基を別の官能基に変えると，その分子の性質は劇的に変化する．そのため，官能基を変化させる反応は，有機分子の合成にとって重要な意味をもつことになる．

　たとえば，お酒に含まれるエタノールは体内で二日酔いの素であるアセトアルデヒドに変化し，さらにアセトアルデヒドはお酢に含まれる酢酸に変化する．これは，アルコールからアルデヒド，さらにカルボン酸へと変化する反応であり，それぞれの分子の性質は大きく異なることになる．このような官能基を変換させる反応は決して特殊な反応ではなく，多くの化

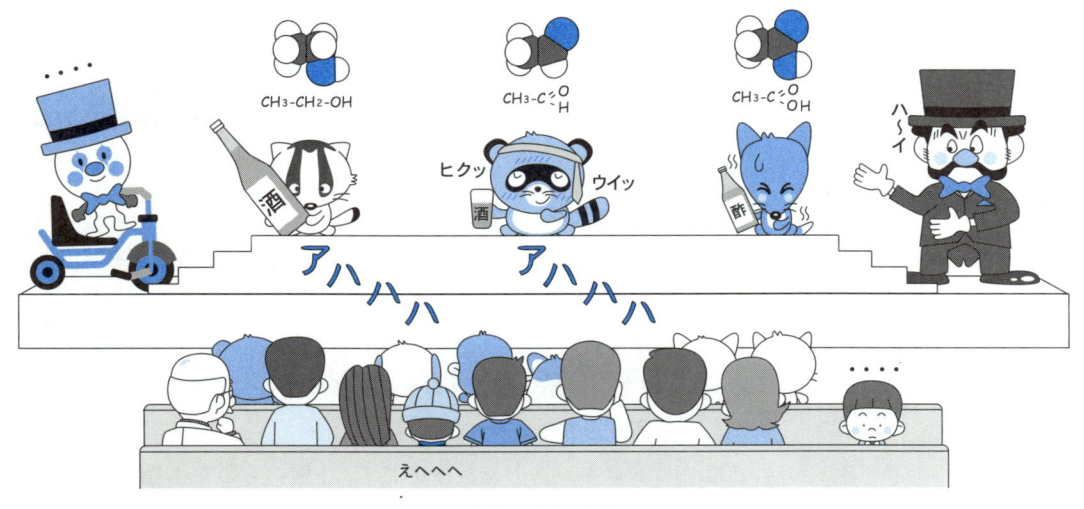

分子マジック？

学反応の一環にすぎない．

また，官能基同士の反応も大切である．アルコールとカルボン酸が反応するとエステルが生じる．この反応は自然界でも起こっている反応である．この反応は本質的には，ヒドロキシ基とカルボキシル基の間の反応であり，分子の他の部分は反応にほとんど関与していない．このように官能基は化合物の性質だけでなく，反応性にも決定的な役割を演じている．

ここでは，特定の官能基をもつ一群の化合物に共通した性質を見ながら，その化合物がどのような反応をするのかについて見ていくことにする．

1. アルコールはアルケンとエーテルになる

アルコールの典型といえば，お酒に含まれ，また各種洗浄・消毒用に使われるエタノール（エチルアルコール）である．そのほかに，有毒であるが，有機化学工業の原料として欠かせないメタノール，自動車の不凍液に使われるエチレングリコールなどと，アルコールは，さまざまなところでなじみ深いものとなっている．

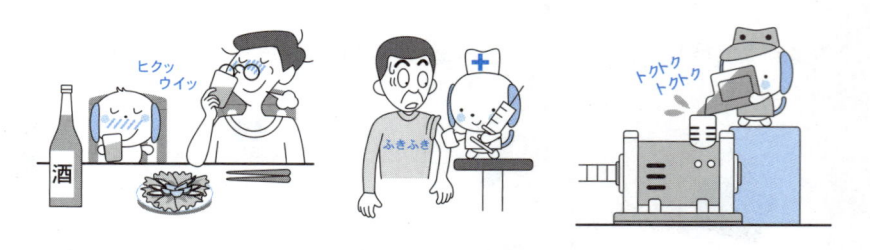

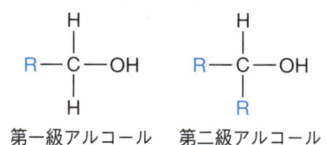

アルコールの種類

アルコールとはヒドロキシ基-OHをもつ化合物のことを指す．いくつかの例を表9・1に示した．

ヒドロキシ基の付いている炭素に結合している炭素置換基Rの個数に応じて，1個のものを**第一級アルコール**，2個のものを**第二級アルコール**，3個のものを**第三級アルコール**という．

また，ヒドロキシ基の個数に応じて，1個のものを**1価アルコール**，2個，3個のものをそれぞれ，**2価アルコール**，**3価アルコール**という．

表 9・1 おもなアルコールの例

1価アルコール		多価アルコール	
CH_3CH_2-OH	エタノール(エチルアルコール) (第一級アルコール)	$\begin{array}{cc}CH_2-CH_2\\ \vert\quad\vert\\ OH\quad OH\end{array}$	エチレングリコール (2価アルコール)
$(CH_3)_2CH-OH$	イソプロピルアルコール (第二級アルコール)	$\begin{array}{ccc}CH_2-CH-CH_2\\ \vert\quad\vert\quad\vert\\ OH\ OH\ OH\end{array}$	グリセロール (3価アルコール)
$(CH_3)_3C-OH$	tert-ブチルアルコール (第三級アルコール)		
⌬-OH	フェノール	⌬(OH,OH)	ヒドロキノン

　フェノールは芳香族アルコールであり，石炭酸という日本語名のとおり，酸性を示す．ただし，炭酸よりももっと弱い酸である．グリセロール（グリセリン）は3価のアルコールであり，細胞膜を構成するリン脂質はグリセロールから誘導されたものである．油脂は，グリセロールをアルコール成分とするエステル（「6. カルボン酸は酸性である」参照）である．そのため，食物中に含まれる油脂は体の中で加水分解されてグリセロールになる．

> コールタール中ではじめて見いだされたので，この名称が付けられた．

アルコールの性質

　アルコールのヒドロキシ基は水と似た性質をもち，電気陰性度の大きさの関係から，酸素はマイナスに，水素はプラスに荷電している．このような構造をもつ分子を極性分子という．このため，アルコールは一般に水に溶け，また互いに水素結合によって会合している．

　アルコールは (9・1)式のように，ナトリウムなどのアルカリ金属と反応して水素ガスを発生し，アルコキシド（アルコラート）を生成する．

$$R-OH + Na \longrightarrow R-O^-Na^+ + \frac{1}{2}H_2 \qquad (9\cdot1)$$
アルコキシド

> 水素結合のために，アルコールの沸点は同じ分子量に相当するアルカンと比較して高くなっている．

アルコールの反応

　アルコールの反応は，置換反応と脱離反応がおもなものである．
　置換反応は (9・2)式のように，ヒドロキシ基が塩素などの他の置換基に変わる反応である．

128　Ⅲ. 有機分子の反応を見る

$$R{-}OH + HX \longrightarrow R{-}X + H_2O \qquad (9\cdot2)$$

　　脱離反応としては，水が脱離して二重結合が導入される反応がある．さらに，アルコールの脱水反応にはもう一つある．それは2分子のアルコールから1分子の水が脱水する反応である．この反応の生成物はエーテルである．

　　エタノールの脱水は (9・3) 式のように条件に応じて，この二通りの経路で進行する．すなわち，エタノールと濃硫酸の混合物を130℃で加熱するとジエチルエーテルが生じるが，温度を170℃に上げるとエチレンが生じる．

$$CH_3CH_2OH \begin{array}{c} \xrightarrow{130\,°C} CH_3CH_2{-}O{-}CH_2CH_3 \\ \text{ジエチルエーテル} \\ \xrightarrow{170\,°C} CH_2{=}CH_2 \\ \text{エチレン} \end{array} \qquad (9\cdot3)$$

　　アルコールの酸化反応についてはあとで詳しく述べる．

2. エーテルはアルコールになる

　　二つの置換基が酸素で結ばれた化合物を**エーテル**とよぶ．

エーテルの種類

　　いくつかのエーテルの名前と構造式を表9・2に示した．二つの置換基が酸素で結合した**鎖状エーテル**と，全体が環状になった**環状エーテル**がある．

　　ジエチルエーテルは，昔は麻酔に使われていた化合物である．環状エー

エーテルの蒸気は引火性が強いので，取扱いには注意が必要である．

表 9・2　おもなエーテルの例

鎖状エーテル		環状エーテル	
$CH_3{-}O{-}CH_2CH_3$	エチルメチルエーテル	フラン環	フラン
$CH_3CH_2{-}O{-}CH_2CH_3$	ジエチルエーテル	THF環	テトラヒドロフラン (THF)
ジフェニル構造	ジフェニルエーテル	ダイオキシン構造	ダイオキシン

テルのテトラヒドロフラン（THF）は，溶剤として化学反応によく使われるものである．

環境汚染で問題になるダイオキシンは，分子内にエーテル結合を2個もつ分子である．塩素の個数，結合位置の違いによって多くのダイオキシンの種類があり，その毒性は異なる．表9・2に示したのは，最も毒性が強いといわれるものである．

ウィリアムソンのエーテル合成

前節で見たとおり，アルコール2分子の間で1分子の脱水が起こればエーテルが生成する．しかし，この方法で実用的に合成できるのは（9・4）式のように，酸素をはさんだ両方の置換基Rが等しいエーテルR−O−Rだけである．

$$R-OH + HO-R \longrightarrow R-O-R + H_2O \quad (9\cdot4)$$

$$R-OH + R'-OH \longrightarrow R-O-R,\ R'-O-R',\ R-O-R' \quad (9\cdot5)$$

置換基の異なるエーテルR−O−R′を合成する目的で，2種類のアルコール，R−OHとR′−OHを反応すると，この両者の間だけでなく（9・5）式のように，同じアルコールの間でも反応が起こる．そのため，目的のエーテルだけでなく，3種類のエーテルが生成してしまう．

このような場合には（9・6）式のように，金属アルコキシドとハロゲン化アルキルとの反応によって合成する．この方法を開発者の名前をとって，**ウィリアムソンのエーテル合成**という．

$$\underset{\text{アルコキシドイオン}}{R-O^-} + R'-I \longrightarrow R-O-R' + I^- \quad (9\cdot6)$$

また，酸素をはさんだ片側の元素がケイ素になっているエーテルを**シリルエーテル**という．シリルエーテルは（9・7）式のように，アルコールとハロゲン化ケイ素誘導体からつくることができる．

$$R-OH + R_3SiCl \rightleftarrows \underset{\text{シリルエーテル}}{R-O-SiR_3} + HCl \quad (9\cdot7)$$

シリルエーテルは酸で処理すると，簡単にもとのアルコールとハロゲン化ケイ素誘導体に戻る．このため，合成反応の途中で，アルコール（ヒド

カルボニル基の保護については，p.135の脚注を参照のこと．

ロキシ基）を一時的に保護する場合の"保護基"として利用される．

エーテルの反応

エーテルの反応はC−O結合の切断である．(9・8)式はエーテルにヨウ化水素HIを作用すると，アルコールとヨウ化物を生成することを示す．

環状エーテルの最小のものは3員環の**エポキシド**である．エポキシドの結合角は60度であるが，エポキシドを構成する3個の原子はすべてsp^3混成であり，軌道間の角度は109.5度である．その結果，分子にひずみが生じるため，エポキシドのC−O結合は開裂しやすい．すなわち (9・9)式のように，酸性条件下で開裂して2価のアルコールになる．

$$R\text{—}O\text{—}R + H\text{—}I \longrightarrow R\text{—}OH + R\text{—}I \quad (9・8)$$

$$\underset{R\ R}{\overset{R\ R}{\triangle}}O + H_2O \xrightarrow{H^+} \begin{matrix} R & & OH \\ R & \text{—} & \\ R & & OH \\ R & & \end{matrix} \quad (9・9)$$

3. アルコールはアルデヒドになり，やがてカルボン酸になる

アルコールの反応の一つに酸化反応がある．アルコールの級数によって酸化反応の様子が違ってくる．

アルコールの酸化反応

アルコールの酸化反応の例を (9・10)式～(9・14)式に示した．

第一級アルコールを酸化するとアルデヒドになる．アルデヒドは非常に酸化されやすく，さらに酸化されてカルボン酸になる．

第二級アルコールを酸化するとケトンになる．ケトンは，これ以上酸化されることはない．第三級アルコールは酸化されない．

$$\underset{\text{第一級アルコール}}{R\text{—}CH_2\text{—}OH} \xrightarrow{(O)} \underset{\text{アルデヒド}}{R\text{—}C{\lessgtr}^O_H} \xrightarrow{(O)} \underset{\text{カルボン酸}}{R\text{—}C{\lessgtr}^O_{OH}} \quad (9・10)$$

9. 官能基の反応

$$R-\underset{\underset{\text{第二級アルコール}}{|}}{\overset{\overset{R}{|}}{C}H}-OH \xrightarrow{(O)} \underset{\text{ケトン}}{\overset{R}{\underset{R}{>}}C=O} \qquad (9\cdot11)$$

$$R-\underset{\underset{\text{第三級アルコール}}{|}}{\overset{\overset{R}{|}}{C}}{|\atop R}-OH \xrightarrow{(O)} \text{反応しない} \qquad (9\cdot12)$$

エタノールは第一級アルコールなので，酸化されるとアセトアルデヒドを経て，酢酸になる．同様に，メタノールはホルムアルデヒドを経て，ギ酸になる．

$$CH_3-CH_2-OH \longrightarrow CH_3-C{\overset{O}{\underset{H}{<}}} \longrightarrow CH_3-C{\overset{O}{\underset{OH}{<}}} \qquad (9\cdot13)$$
エタノール　　　　アセトアルデヒド　　　　酢　酸

$$CH_3-OH \longrightarrow H-C{\overset{O}{\underset{H}{<}}} \longrightarrow H-C{\overset{O}{\underset{OH}{<}}} \qquad (9\cdot14)$$
メタノール　　　ホルムアルデヒド　　　ギ　酸

エタノールを酸化するとアセトアルデヒドを経て，酢酸になる．この一連の酸化反応で生じるアセトアルデヒドは有毒物質であり，二日酔いの素といわれている．二日酔いにならないためには，生成したアセトアルデヒドをただちに酢酸にしてしまえばよい．しかし，このためには酵素が必要であり，その量は遺伝によって決まっているという．つまり，酵素の少ない人はお酒に弱い人ということになる．

メタノールは体内に入ると酸化酵素によって酸化されて有毒なホルムアルデヒドになる．このため，メタノールを飲むと失明したり，落命することになる．失明するのは，酸化酵素が眼の周囲に特に多いからである．

アルデヒド

アルデヒドはホルミル基 −CHO をもつ化合物である．アルデヒドの例を表9・3に示した．

ホルムアルデヒドはメタノールを酸化することによって生成する，毒性の強い物質である．ホルムアルデヒドの20〜40％水溶液はホルマリンとよばれ，防腐剤として利用される．

ホルムアルデヒドは，各種プラスチックの原料となり，また，ベニヤ板

表 9・3　おもなアルデヒドの例

アルデヒド		芳香族アルデヒド	
$H-C{\overset{O}{\underset{H}{<}}}$	ホルムアルデヒド （水溶液：ホルマリン）	⌬-C$\overset{O}{\underset{H}{<}}$	ベンズアルデヒド
$CH_3-C{\overset{O}{\underset{H}{<}}}$	アセトアルデヒド		

$$n\ {\overset{H}{\underset{H}{>}}}C=O + H_2O$$

$$\longrightarrow HO{\overset{\overset{H}{|}}{\underset{\underset{H}{|}}{-C-}}}O{\Large]}_n H$$

ホルムアルデヒドは上の反応によって多数個の分子が結合（重合）して，パラホルムアルデヒドをつくる．

などに用いる接着剤の原料として欠かせないものである．これらに残った未反応のホルムアルデヒドが，室内の空気中に放出され，"シックハウス症候群"の一因となっているともいわれている．

アルデヒドの定性反応

酸化反応と還元反応は化学反応のなかでも重要なものの一つである．酸化と還元は，同じ反応の裏表である．相手に酸素を与えて**酸化**することは，自分が酸素を奪われて**還元**されることである．

アルデヒドは簡単に酸化されてカルボン酸になる．そのため，アルデヒドは相手から酸素を奪う性質があり，強い還元性をもつ．アルデヒドの還元性を利用した反応にフェーリング反応と銀鏡反応がある（図9・1）．

ケトンは酸化されないので，これらの反応を示さない．

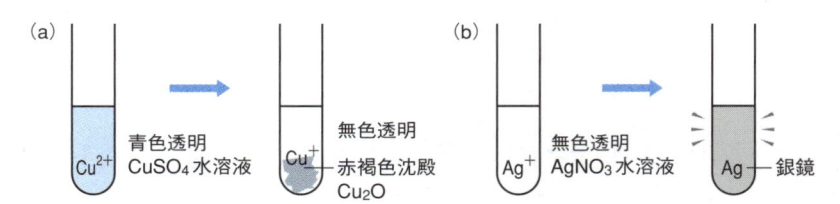

図 9・1 フェーリング反応（a）および銀鏡反応（b）

フェーリング反応は，青い硫酸銅 $CuSO_4$ 水溶液にアルデヒドを加えると2価の銅イオン Cu^{2+} が還元されて1価の Cu^+ となり，酸化銅（I）Cu_2O となるため，赤褐色の沈殿を生じる反応である．

銀鏡反応は，硝酸銀 $AgNO_3$ 水溶液にアルデヒドを加えると銀イオン Ag^+ が還元されて金属銀 Ag となり，それが器壁に付いて鏡となる反応である．

4. カルボニル基の性質と置換反応

カルボニル基 $C=O$ をもつ化合物を一般に**ケトン**という．ケトンは反応性に富み，各種の反応を行うため，有機化合物の合成の原料などとして多用される．アルデヒドは，ケトンの置換基の一つが水素に置き換わったものとみなすことができる．

ケトンの種類

代表的なケトンを表9・4にまとめた.

アセトンは有機物質をよく溶かすので, 溶媒として用いられる. ベンゾフェノンは芳香族ケトンであり, 光反応の増感剤（触媒の一種）として利用される. キノンはカルボニル基を2個もつ6員環のジケトンであり, ベンゼン骨格の二重結合を変形させたものである.

表 9・4 おもなケトンの例

ケトン	キノン
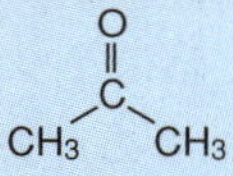 アセトン（ジメチルケトン）	 p-キノン
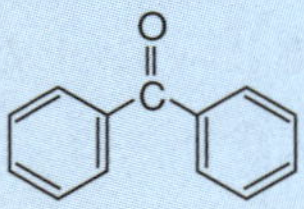 ベンゾフェノン（ジフェニルケトン）	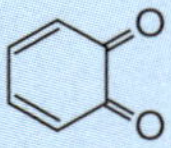 o-キノン

置換基を2個もつ芳香族化合物では, それらの位置の違いによる異性体が存在する. それぞれの化合物は以下のように命名される.

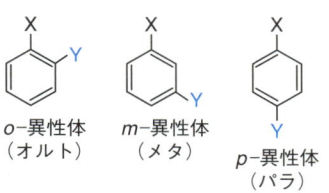

o-異性体（オルト）　m-異性体（メタ）　p-異性体（パラ）

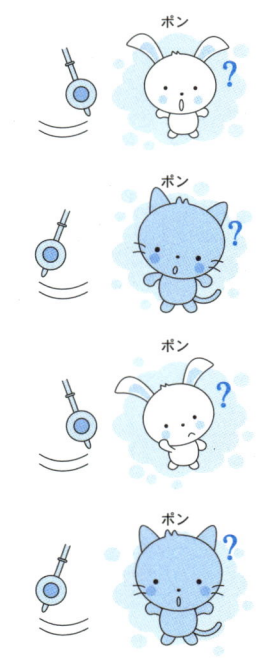

ケト-エノール互変異性

図9・2(a) に示したように, ケトンは分子**1**のようなケトンと, 分子**2**のようなアルコールという, 両異性体の平衡混合物になっている. 分子**1**はカルボニル基をもち, ケトンなので**ケト形**という. それに対して分子**2**は, 二重結合（命名法で語尾をeneとする）にヒドロキシ基の付いたアルコール（語尾をal）なので, **エノール形**という. そして, このような異性

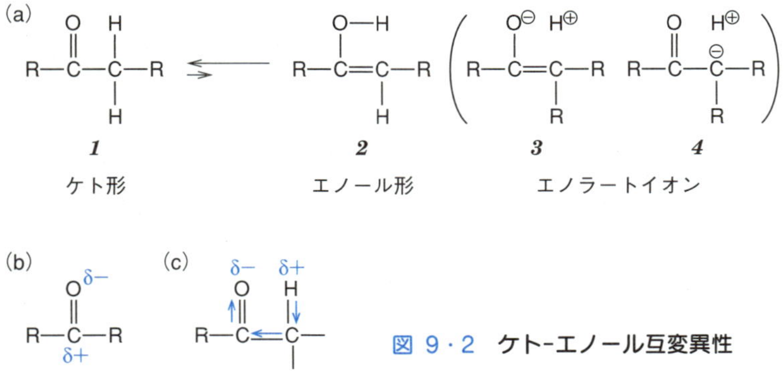

(a) 　1 ケト形　　2 エノール形　　3, 4 エノラートイオン

(b) (c)

図 9・2 ケト-エノール互変異性

ネコ-ウサギ互変異性

ある瞬間はウサギであり, つぎの瞬間にはネコになっている.

エノール形を取出すことは難しく, 平衡においてわずかに存在するだけである.

現象を**ケト–エノール互変異性**という．しかし，ケト形のほうが安定なので，平衡はケト形に大きく片寄っている．

α水素の酸性度

カルボニル基を構成する酸素原子（電気陰性度3.5）と炭素原子（2.5）の間には，電気陰性度の大きな差がある．このため，図9・2(b) に示すように，酸素がマイナスに荷電し，炭素がプラスに荷電しているので，ケトンは極性構造をもっている．

その結果，図9・2(c) に示したように，カルボニル基の炭素は隣にある水素のまわりの電子雲を自分のほうに引き寄せる．結果として，水素はH^+としてはずれやすい性質をもつ．カルボニル基の隣の炭素を**α炭素**，その隣を**β炭素**という．α炭素に付いた水素を**α水素**という．したがって，カルボニル基のα水素はH^+としてはずれやすく，酸性を示す．

ケトンのα水素だけが酸性であり，他のβ位などの水素は酸性を示さない．

この現象はケト–エノール互変異性とからめて，図9・2(a) のエノラートイオン**3**，**4**のように書き表されることもある．すなわち，**3**ではエノール形のアルコールからH^+がはずれたと考える．一方，**4**では**3**の二重結合の位置を動かし，炭素をマイナスと考えるのである．

ケトンの置換反応

前項で見たように，ケトン**4**のα炭素はマイナスに荷電している．(9・15)式のように，この炭素がハロゲン化アルキル R–X（X：ハロゲン元素）を攻撃し，アルキル基と結合する反応を起こす．その結果，新しいケトンが生成する．

$$(9 \cdot 15)$$

これは結果的に，カルボニル基の隣の炭素（α位）に付いた水素がアルキル基で置換された，置換反応とみなすことができる．

5. カルボニル基の付加反応

カルボニル基の反応のうちでも，特に重要なのは付加反応である．プラスに荷電したカルボニル基の炭素は各種の求核試薬の攻撃を受ける．一方，カルボニル基の α 炭素はマイナスに荷電し，それ自身が求核試薬となる．

求核試薬の付加反応

(9・16)式に示した反応は，求核試薬 X^- がケトン **1** のカルボニル基の炭素を攻撃して付加し，その結果，カルボニル基の酸素がヒドロキシ基に変化したアルコール **3** を与えた例である．このような反応を**求核付加反応**という．例にあげた反応(9・17)はアセトンにシアン化水素が反応し，アセトンシアンヒドリンが生成する反応である．

$$R_2C=O \xrightarrow{X^-} R-\underset{X}{\underset{|}{C}}-O^- \longrightarrow R-\underset{X}{\underset{|}{C}}-OH \quad (9・16)$$

$$(CH_3)_2C=O + HCN \longrightarrow CH_3-\underset{CN}{\underset{|}{C}(CH_3)}-OH \quad (9・17)$$

アセトン　シアン化水素　　アセトンシアンヒドリン

同様な反応は，(9・18)式のようにアルコールを用いても起こる．アルコールがケトンに求核付加するとヘミアセタールが生じる．反応をさらに進行させると，ヒドロキシ基がアルコールで置換されてアセタールとなる．

$$R_2C=O \underset{酸}{\overset{R-OH}{\rightleftarrows}} R_2C(OH)(OR) \underset{酸}{\overset{R-OH}{\rightleftarrows}} R_2C(OR)_2 \quad (9・18)$$

ケトン　　ヘミアセタール　　アセタール

カルボニル基はヘミアセタールやアセタールになると，それ以上求核試薬の攻撃を受けにくくなる．そのためヘミアセタールやアセタールは反応においてカルボニル基が攻撃されるのを防ぐ，"保護基"として利用されることがある．

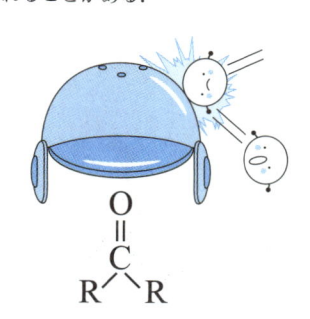

アミンの攻撃とウォルフ–キシュナー反応

アミンもケトンに対して求核攻撃を行う．(9・19)式に示したのは，ア

ミンにヒドロキシ基の付いた構造のヒドロキシルアミンという試薬である．この試薬がケトンを攻撃すると中間体を生成するが，中間体は水を脱離して二重結合を導入し，オキシムとなる．

$$\underset{\text{ケトン}}{\overset{R}{\underset{R}{>}}C=O} + \underset{\text{ヒドロキシルアミン}}{H_2N-OH} \longrightarrow \underset{\text{中間体}}{\overset{R}{\underset{R}{>}}C\overset{OH}{\underset{\underset{H}{N-OH}}{<}}} \xrightarrow{-H_2O} \underset{\text{オキシム}}{\overset{R}{\underset{R}{>}}C=N-OH} \quad (9\cdot19)$$

$$\underset{\text{ケトン}}{\overset{R}{\underset{R}{>}}C=O} + \underset{\text{ヒドラジン}}{H_2N-NH_2} \longrightarrow \underset{\text{ヒドラゾン}}{\overset{R}{\underset{R}{>}}C=N-NH_2} \xrightarrow{KOH} \underset{\text{アルカン}}{\overset{R}{\underset{R}{>}}C\overset{H}{\underset{H}{<}}} \quad (9\cdot20)$$

同様の反応を (9・20) 式のようにヒドラジンを用いて行うと，ヒドラゾンとなる．ヒドラゾンを強塩基と反応させると，アルカンになる．発見者の名前をとって**ウォルフーキシュナー反応**とよばれるこの反応は，ケトンのカルボニル基を還元してメチレン基 CH_2 にする反応である．

グリニャール反応

発見者の名前が付けられた**グリニャール反応**は，収率が良く，しかも反

> グリニャール反応はつぎのように3段階で行われる．
> ① 三口フラスコにマグネシウムと溶媒を入れ，滴下漏斗からハロゲン化アルキルを加え，グリニャール試薬を合成する．
> ② 滴下漏斗内の試薬をケトンに変え，それを三口フラスコ内のグリニャール試薬に加え，中間体 $\overset{R}{\underset{R}{>}}C\overset{OMgX}{\underset{R}{<}}$ をつくる．
> ③ 滴下漏斗内の試薬を水に変え，それを三口フラスコ内に加えると中間体 $\overset{R}{\underset{R}{>}}C\overset{OMgX}{\underset{R}{<}}$ が分解されて，最終生成物 $\overset{R}{\underset{R}{>}}C\overset{OH}{\underset{R}{<}}$ となる．

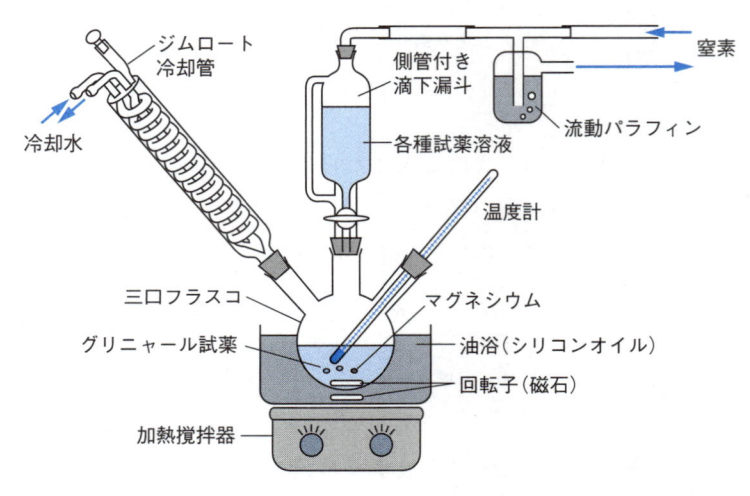

図 9・3 グリニャール反応装置

応の最初から最後まで一つの容器で行える（ワンポット反応）ので，有機合成反応によく用いられる反応である．図9・3はグリニャール反応の装置である．

(9・21)式のようにハロゲン化アルキルに金属マグネシウムを反応させると，グリニャール試薬が生成する．この試薬は，アルキル基がアニオンとなり，大きな求核性を獲得している．

$$R-X + Mg \longrightarrow R^{\ominus}MgX^{\oplus} \quad (9 \cdot 21)$$

ハロゲン化アルキル　　　グリニャール試薬

$$\underset{\text{ケトン}}{\underset{R}{\overset{R}{>}}C=O} + \underset{\text{グリニャール試薬}}{R-MgX} \longrightarrow \underset{\text{中間体}}{\underset{R}{\overset{R}{>}}C\underset{R}{\overset{O-MgX}{<}}} \longrightarrow \underset{\text{アルコール}}{\underset{R}{\overset{R}{>}}C\underset{R}{\overset{OH}{<}}}$$

$$(9 \cdot 22)$$

(9・22)式のように，ここにケトンを加えると，アルキルアニオンがカルボニル炭素を攻撃して中間体となる．この中間体を水で分解するとアルコールが生成する．このように，グリニャール反応はケトンにアルキル基を導入し，アルコールにする反応である．

> グリニャール試薬，中間体を酸素や湿気から避けるために，反応は乾燥窒素雰囲気下で行う．

アルドール反応

(9・23)式のようにアルデヒドのα炭素は，マイナスに荷電している．このマイナスに荷電した炭素がホルミル基を求核攻撃すると，アルデヒドの二量体となる．これはアルデヒド基をもつアルコール（語尾をolとする）なので，**アルドール**といわれる．

$$\underset{}{CH_3-\overset{O}{\underset{}{C}}-H} + \underset{\alpha}{\overset{\ominus}{C}H_2}-\overset{O}{\underset{}{C}}-H \longrightarrow \underset{\underset{\text{アルドール}}{\text{二量体}}}{\underset{\text{もとの1分子　もとの1分子}}{CH_3-\underset{H}{\overset{OH}{C}}-CH_2-\overset{O}{\underset{}{C}}-H}}$$

$$(9 \cdot 23)$$

この反応では2分子のアルデヒドのうち，一方は求核試薬となり，もう一方はその攻撃を受ける側にまわっている．

6. カルボン酸は酸性である

カルボン酸はカルボキシル基−COOHをもつ化合物であり，その名のとおり酸性である．

以下で述べる酸・塩基，酸性・塩基性についてはすでに4章の「4. 置換基効果の例」でふれているので，そちらを参考にしていただきたい．

カルボン酸の酸性

カルボン酸は (9・24)式のように，解離して水素イオンH^+を放出するので酸であり，酸性を示す．

$$R-C{\overset{O}{\underset{O-H}{}}} \longrightarrow R-C{\overset{O}{\underset{O^-}{}}} + H^+ \qquad (9・24)$$

表9・5にいくつかのカルボン酸の構造とpK_aを示した．ちなみに塩酸，硝酸のpK_aは，それぞれ−7，−1.3である．したがって，カルボン酸は塩酸や硝酸に比べると弱い酸であるが，アルコールやフェノールのヒドロキシ基よりも酸性は強い．

表 9・5 カルボン酸のpK_a

カルボン酸		pK_a
$H-C{\overset{O}{\underset{OH}{}}}$	ギ酸	3.8
$CH_3-C{\overset{O}{\underset{OH}{}}}$	酢酸	4.8
$C_6H_5-C{\overset{O}{\underset{OH}{}}}$	安息香酸	4.2

メタノールCH_3OHやエタノールC_2H_5OHのpK_aは約16，フェノールC_6H_5OHのpK_aは10である．

カルボン酸とアルコールが反応するとエステルになる

2分子のアルコールのヒドロキシ基の間で脱水が起こると，エーテルになった．(9・25)式のように，アルコールとカルボン酸の間でも脱水が起こる．このようにして生じた化合物を**エステル**という．また，エステルができる反応を**エステル化**という．一般にエステルは良い香りをもち，果物などにも多くの種類のエステルが含まれている．

$$R-\overset{O}{\underset{}{C}}-O-H + H-O-R' \underset{加水分解}{\overset{エステル化}{\rightleftarrows}} R-\overset{O}{\underset{}{C}}-O-R' + H_2O \qquad (9・25)$$

エステル

$$CH_3-\overset{O}{\underset{}{C}}-O-H + H-O-CH_2CH_3 \longrightarrow CH_3-\overset{O}{\underset{}{C}}-O-CH_2CH_3 \qquad (9・26)$$

酢酸　　　　エタノール　　　　　　酢酸エチルエステル

エステルに水を作用させると，アルコールとカルボン酸ができる．この反応を**エステルの加水分解**という．
　(9・26)式のように，酢酸とエタノールからできる酢酸エチルエステルは，有機物質をよく溶かすので，溶剤（シンナー）として使われたが，毒性が明らかとなった．

酸にもアルコールにもなるサリチル酸

　(9・27)式のサリチル酸は，分子内にヒドロキシ基とカルボキシル基をもつ化合物であり，アルコールとしても，酸としても作用する．

$$(9・27)$$

　サリチル酸にメタノールを作用させると，酸として作用してエステルであるサリチル酸メチルを与える．一方，酢酸を作用させると，アルコールとして作用してエステルであるアセチルサリチル酸を与える．
　サリチル酸メチルは筋肉痛を和らげる消炎剤として，アセチルサリチル酸は解熱鎮痛作用があり，アスピリンという商品名のもとで医薬品として長い歴史をもっている．

7. アミンは塩基性である

　有機物質の酸といえばカルボン酸であり，有機物質の塩基といえばアミンである．有機物質の塩基はすべてアミン類であるといっても過言ではない．

アミンの種類

アンモニア NH_3 の水素を炭素で置換した化合物を**アミン**という．表9・6にいくつかのアミンを示した．窒素原子に付いている水素以外の置換基の数によって，第一級アミン，第二級アミンなどの区別がある．

4個の置換基と結合した窒素原子はカチオンとなり，"第四級アンモニウムイオン"という．

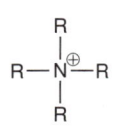

$$R-\overset{R}{\underset{R}{N^{\oplus}}}-R$$

表 9・6 おもなアミンとその pK_a

構造	名称	pK_a	構造	名称	pK_a
$CH_3CH_2NH_2$	エチルアミン（第一級アミン）	10.6	NH_3	アンモニア	9.3
$(CH_3CH_2)_2NH$	ジエチルアミン（第二級アミン）	10.9	⬡-NH_2	アニリン	4.6
$(CH_3CH_2)_3N$	トリエチルアミン（第三級アミン）	10.7	⬡(N)	ピリジン	5.3

アニリンは芳香族アミンであり，各種工業原料として欠かせないものである．アンモニアの類似体とみなせるアミン類には，悪臭のものが多い．ピリジンは悪臭をもつ分子の代表であるが，各種反応の溶媒として欠かせないものでもある．

アミンの塩基性

アミンは (9・28) 式のように，窒素原子上の非共有電子対に水素イオンを結合させることができるので，水素イオンを取込める．このために塩基性となる．

$$R-\ddot{N}H_2 \xrightarrow{+H^+} R^{\oplus}-NH_3 \qquad (9 \cdot 28)$$

酸性の強弱と同様に，塩基性の強弱も pK_a で表すことが多い．pK_a が大きいほど，塩基性が強いことになる．したがって，pK_a が小さければ強酸，大きければ強塩基である．いくつかのアミンの pK_a を表9・6に示してある．

アミンの反応

(9・29) 式に示したのは，アルコールとカルボン酸からエステルができたのと同様の反応である．カルボン酸のヒドロキシ基部分と，アミンのア

ミノ基部分から水が脱離すると**アミド**ができる.

$$\underset{\text{カルボン酸}}{R-\overset{O}{\underset{\|}{C}}-O-H} \quad \underset{\text{アミン}}{H-\underset{H}{\underset{|}{N}}-R'} \longrightarrow \underset{\text{アミド}}{R-\overset{O}{\underset{\|}{C}}-\underset{H}{\underset{|}{N}}-R'} + H_2O \tag{9・29}$$

アミンは (9・30)式のように,アンモニアを脱離して二重結合を導入することもある.

$$R-\underset{H}{\underset{|}{C}H}-\underset{NH_2}{\underset{|}{C}H_2} \longrightarrow R-CH=CH_2 + NH_3 \tag{9・30}$$

タンパク質

タンパク質はアミノ酸からできている.**アミノ酸**は,分子内に酸性のもととなるカルボキシル基と,塩基性のもととなるアミノ基の両方をもった分子である(図1a).そのため,アミノ酸同士のカルボキシル基とアミノ基が反応してアミドとなることができる.このようにして,アミノ酸はつぎつぎと連結することができる(図1b).このような分子を**ペプ**チド,さらに長大なペプチドを**ポリペプチド**という.また,生じた CO−NH 結合を**ペプチド結合**という.タンパク質は,このようにして各種のアミノ酸が何万個も連なった巨大分子であるが,ポリペプチドとは違い,特有の高度に組織化された立体構造をもっている.

(a) アミノ酸構造 (b) ペプチド構造(ペプチド結合)

図 1 アミノ酸 (a) とペプチド (b)

8. 官能基はさまざまに変化する

官能基は分子の性質を決定するほどの影響力をもつ．この官能基を他の官能基に変えることができる．この反応で，分子の性質は劇的に変化する．ここで，代表的な官能基の変換を見てみよう．

アルキル基をカルボキシル基に変える

ベンゼンは塩化メチルを用いたフリーデル-クラフツ反応により，トルエンになる．

さらに (9・31) 式のようにトルエンを酸化すると，メチル基がカルボキシル基に変換され，安息香酸になる．トルエンのメチル基に限らず，ベンゼン環に付いたアルキル基は，酸化されるとカルボキシル基になる．この反応は，ベンゼン環にカルボキシル基を導入する方法としては最も簡単な方法である．

$$\text{トルエン} \xrightarrow{(O)} \text{安息香酸} \tag{9・31}$$

スルホ基はヒドロキシ基になる

ベンゼンに濃硫酸を作用させるとベンゼンスルホン酸になる．

このベンゼンスルホン酸を固体の水酸化ナトリウムとともに加熱すると，ナトリウムフェノキシドが生じる．さらに二酸化炭素と反応させると，フェノールになる（(9・32) 式）．これはスルホ基（スルホン酸基）をヒドロキシ基に変える反応である．

$$\text{ベンゼンスルホン酸} \xrightarrow{\text{NaOH}} \text{ナトリウムフェノキシド} \xrightarrow{CO_2} \text{フェノール} \tag{9・32}$$

ニトロ基をアミノ基に変える

ベンゼンに硝酸を作用させると，ニトロベンゼンになる．

このニトロベンゼンに金属スズ存在の下で塩酸を作用させると，ニトロ基が還元されてアミノ基になり，アニリンが生成する（(9・33)式）．反応式に係数を付けておいた．自分で係数を求めることは化学反応の量的関係を理解するうえで，良い練習となるだろう．

$$2\,C_6H_5NO_2 + 12\,HCl + 3\,Sn \longrightarrow 2\,C_6H_5NH_2 + 3\,SnCl_4 + 4\,H_2O$$
ニトロベンゼン　　　　　　　　　　　アニリン
(9・33)

ジアゾニウム塩はいろいろな置換基に変えられる

アニリンに亜硝酸ナトリウム $NaNO_2$ と塩酸を作用させると，アミノ基がジアゾ基に変換された塩化ベンゼンジアゾニウムが生成する．この化合物は各種ベンゼン誘導体の合成原料として有用なものである．図9・4にいくつかの反応をまとめておいた．

塩化ベンゼンジアゾニウムに酸を作用させると置換基はヒドロキシ基に変換され，フェノールになる．一方，シアン化銅 $CuCN$ を作用させると，

図9・4　塩化ベンゼンジアゾニウムの反応

ニトリル基に変換されてベンゾニトリルが生成する．さらにベンゾニトリルを加水分解すると，安息香酸になる．

　塩化ベンゼンジアゾニウムの行う大切な反応は，カップリング反応とよばれる反応である．アニリンを作用させると塩酸がはずれて，p-アミノアゾベンゼンが生じる．この化合物は美しい黄色の物質であり，"アニリンイエロー"とよばれる染料である．また，フェノールを作用させるとp-ヒドロキシアゾベンゼンが生じる．これは赤い染料である．

　このように，アゾ基 −N＝N− をもった化合物を一般に"アゾ化合物"といい，アゾ化合物を生成する反応を**カップリング反応**という．塩化ベンゼンジアゾニウムは，アゾ化合物合成の原料として欠かせないものである．

p-アミノアゾベンゼン（黄）

オレンジⅡ
（オレンジ）
（図10・3参照）

p-ヒドロキシアゾベンゼン（赤）

有機化学好きネコのファッションセンス

IV

いろいろな分子をつくる

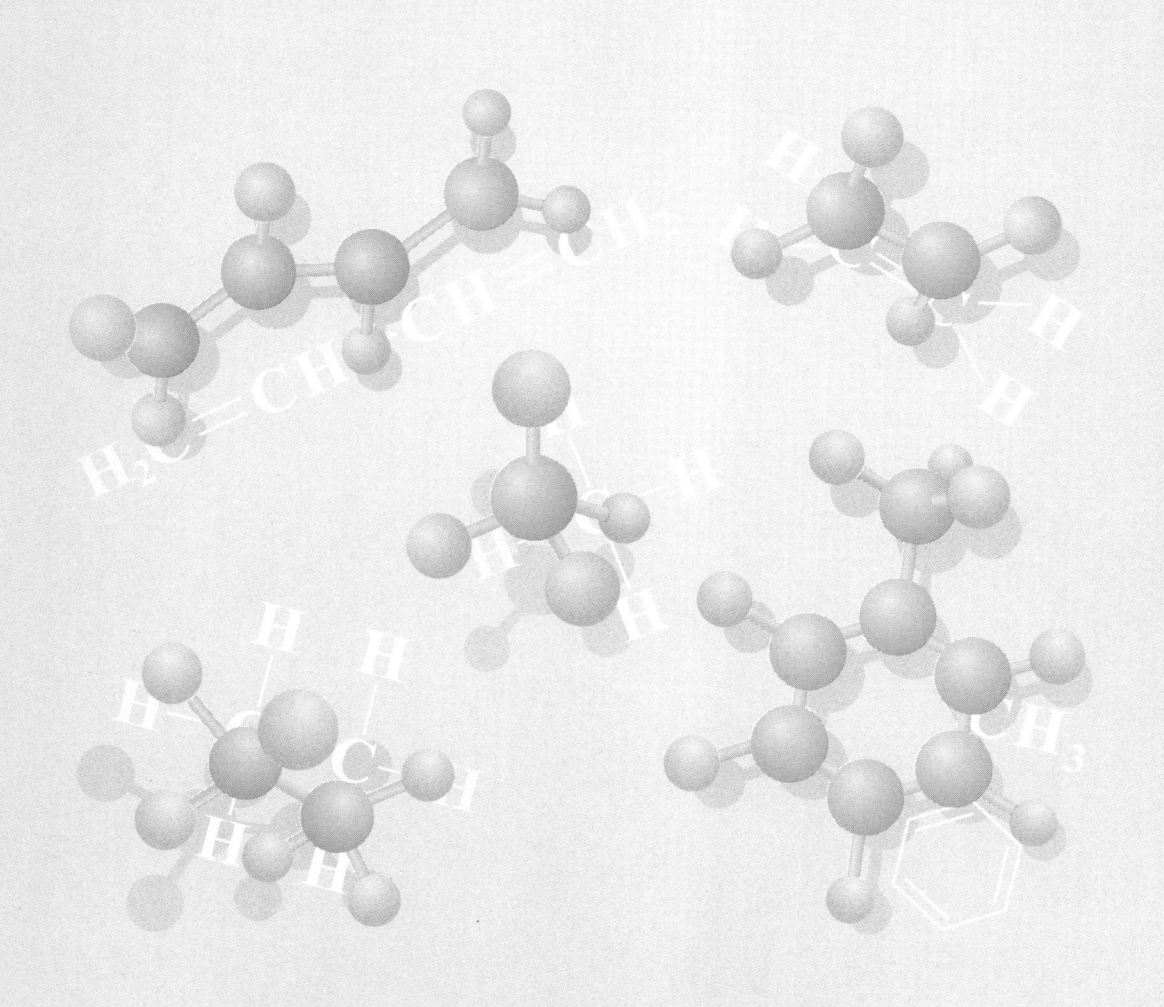

10 有機分子の合成

　いまや，人類は望みの有機分子は何でもつくれるようになったといってもよい．有機分子の合成はさまざまな有機化学反応を用いて行う．それだけに，多くの有機化学反応を知っていれば，合成には有利である．

　同じ原料から同じ生成物を導くときにも，反応は幾とおりもあることが多い．そのうちのどれを選ぶかということは，有機合成の重要なポイントとなる．どの反応を選べば，望みの有機分子が簡単な手順で，そして安全に，速やかに，さらには純粋な形で多く得られるのかを考える必要がある．

　これは，生まれたばかりの赤ちゃんをまえにして，将来の設計をするお

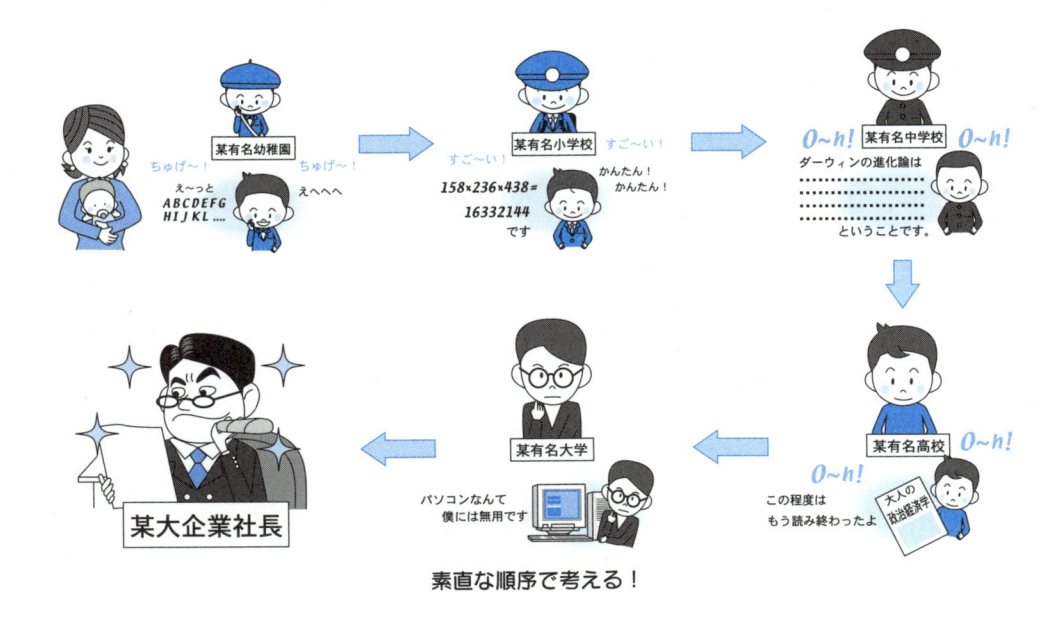

素直な順序で考える！

母さんに似ている．この子を社長にするためには，「某有名幼稚園」に入れて，それから「某有名小学校」に入学させて・・・と，考えを巡らせる．このようなお母さんの姿は，原料（赤ちゃん）から望みの分子（社長）を合成するためにどうしたらよいかと，考えを巡らせている化学者に似ている．

1. 官能基を変えて合成する

　有機分子を合成する場合には，原料が必要である．原料は反応式における出発物に相当する．合成したいと思う目的分子に構造の近い分子を手に入れることは，有機合成では大切なことである．原料によっては，出発分子の官能基を変換するだけで目的分子になる場合もある．

　有機合成の第一歩として，出発分子の官能基を変換することで，目標分子を合成できる場合を考えてみよう．

官能基の変換

　9章の「8. 官能基はさまざまに変化する」で見た有機化合物の反応を，有機合成の見地から検討する．

A. ベンゼンから安息香酸の合成

　ベンゼンをフリーデル–クラフツ反応によってトルエンにし，つぎにトルエンを酸化して安息香酸を得る．

$$\text{ベンゼン} \xrightarrow{\text{AlCl}_3} \text{トルエン} \xrightarrow{(O)} \text{安息香酸}$$

B. ベンゼンからアニリンの合成

　ベンゼンのニトロ化によってニトロベンゼンを得て，それを還元してアニリンとする．

$$\text{ベンゼン} \xrightarrow[\text{H}_2\text{SO}_4]{\text{HNO}_3} \text{ニトロベンゼン} \xrightarrow{\text{Sn/HCl}} \text{アニリン}$$

C. ベンゼンからフェノールの合成

　ベンゼンのスルホン化によってベンゼンスルホン酸を得て，それを水酸

化ナトリウムで処理してフェノールとする．

$$\text{C}_6\text{H}_6 \xrightarrow{\text{H}_2\text{SO}_4} \text{C}_6\text{H}_5\text{-SO}_3\text{H} \xrightarrow{\text{NaOH}} \text{C}_6\text{H}_5\text{-OH}$$

ベンゼンスルホン酸　　フェノール

D. ベンゼンからベンゾニトリルの合成

ベンゼンからアニリンを得て，それに亜硝酸ナトリウムと塩酸を作用させて塩化ベンゼンジアゾニウムとし，それにシアン化銅を作用させてベンゾニトリルとする．

$$\text{C}_6\text{H}_5\text{-NH}_2 \xrightarrow[\text{HCl}]{\text{NaNO}_2} \text{C}_6\text{H}_5\text{-N}_2^+\text{Cl}^- \xrightarrow{\text{CuCN}} \text{C}_6\text{H}_5\text{-CN}$$

アニリン　　塩化ベンゼンジアゾニウム　　ベンゾニトリル

シアン化銅やグリニャール試薬のように金属と有機物質が結合した試薬を有機金属試薬という．有機金属試薬を用いた反応は有機合成反応のなかでも大切なものの一つである．

官能基の反応

官能基同士を反応させて，新しい化合物とすることができる．ベンゼン誘導体を例にとって見てみよう．同様の反応は，アルキル基をもった飽和化合物でも進行する．

E. ジフェニルエーテルの合成

2分子のフェノールから1分子の水を脱離させれば，ジフェニルエーテルとなる．

$$\text{C}_6\text{H}_5\text{-O-H} + \text{H-O-C}_6\text{H}_5 \xrightarrow{-\text{H}_2\text{O}} \text{C}_6\text{H}_5\text{-O-C}_6\text{H}_5$$

ジフェニルエーテル

F. 安息香酸フェニルエステルの合成

カルボン酸とアルコールの間で，脱水を伴って起こるエステル化の応用である．安息香酸とフェノールの間でエステル化を行えば，安息香酸フェニルエステルが生成する．

$$\text{C}_6\text{H}_5\text{-COOH} + \text{H-O-C}_6\text{H}_5 \xrightarrow{-\text{H}_2\text{O}} \text{C}_6\text{H}_5\text{-CO-O-C}_6\text{H}_5$$

安息香酸フェニルエステル

ゴッツンコ

G. 安息香酸フェニルアミドの合成

エステル化と同様，カルボン酸とアミンの間で起こるアミド化の応用である．安息香酸とアニリンの間でアミド化を行えば，安息香酸フェニルアミドが得られる．

C₆H₅-C(=O)-OH + H-NH-C₆H₅ —H₂O→ C₆H₅-C(=O)-NH-C₆H₅
安息香酸フェニルアミド

2. 不飽和結合の導入とその応用

二重結合は，大きな反応性をもつ．酸化反応，付加反応，環状付加反応，さらには脱離反応を行って三重結合になることもできる．原料化合物に二重結合を導入することができたら，それを用いてさらにいくつかの新規分子を合成できる．

二重結合，三重結合の導入

ハロゲンを有するアルカンを原料に用いれば，それの脱離反応によって不飽和結合を導入することができる．

A. 脱離反応によるアルケンの合成

臭化物を脱離反応すると，臭化水素 HBr が脱離してアルケンが生成する．

$$R-CH_2-CH_2Br \xrightarrow{-HBr} R-CH=CH_2$$
アルケン

B. アルケンによるアルキンの合成

アルケンに臭素を付加すると二臭化物となる．これから2分子の臭化水素を脱離させると，三重結合が導入され，アルキンとなる．

$$R-CH=CH_2 \xrightarrow{Br_2} R-CHBr-CH_2Br \xrightarrow{-2HBr} R-C\equiv C-H$$
アルキン

不飽和結合を使った合成

不飽和結合は付加反応，酸化反応を行う．これらの反応を使って，新規化合物を合成することができる．

C. 接触水素化（還元）によるアルカンの合成

アルケンに，適当な触媒を用いて接触水素化を行うと，二重結合が単結合になり，アルカンが生成する．

$$R-CH=CH_2 \xrightarrow{H_2/Pd} R-CH_2-CH_3 \text{（アルカン）}$$

D. 臭化水素付加による置換位置の異なる臭化物の合成

アルケンに臭化水素を付加すると，中間体イオンの安定化の違いによって，臭化物が生じる．臭化物 *1* →アルケン→臭化物 *2* という一連の反応によって，臭化物の臭素の置換位置を変化させたことになる．

$$\underset{\textit{1}}{R-CH_2-CH_2Br} \longrightarrow R-CH=CH_2 \xrightarrow{HBr} \underset{\textit{2}}{R-\underset{|}{\underset{Br}{CH}}-CH_3}$$

E. 水の付加によるアルコールの合成

臭化水素と同様に水も二重結合に付加する．アルケンに水を付加させるとアルコールとなる．

$$R-CH=CH_2 \xrightarrow{H_2O} R-\underset{|}{\underset{OH}{CH}}-CH_3 \text{（アルコール）}$$

F. 水の付加によるケトンの合成

水は三重結合にも付加する．アルキンに水を付加させるとアルコールとなる．しかし，二重結合を構成する炭素にヒドロキシ基の付いたアルコール（ビニルアルコール，エノール形）はきわめて不安定であり，ケト-エノール互変異性によって，ただちにケトン（ケト形）に変化する．

$$\text{R-C} \equiv \text{CH} \xrightarrow{H_2O} \underset{\text{ビニルアルコール}}{\text{R-C(OH)=CH}_2} \longrightarrow \underset{\text{ケトン}}{\text{R-C(=O)-CH}_3}$$

G. 二重結合の酸化によるアルデヒド，カルボン酸の合成

アルケンを酸化することによってアルデヒド，さらにはカルボン酸を合成できる．

$$\text{R-CH=CH}_2 \xrightarrow{(O)} \underset{\text{アルデヒド}}{\text{R-CHO}} \xrightarrow{(O)} \underset{\text{カルボン酸}}{\text{R-COOH}}$$

H. 二重結合の酸化によるケトンの合成

アルケンを酸化すると，ケトンを生成する．

$$\underset{\text{アルケン}}{\text{R}_2\text{C=CH}_2} \xrightarrow{(O)} \underset{\text{ケトン}}{\text{R}_2\text{C=O}}$$

このように，第Ⅲ部で見た有機化学反応を応用することで，多くの有機分子を合成できることがわかる．

3. 逆に考えよう

有機合成では，まず合成したい分子Zがある．その分子をどのような手段で合成するかが問題となる．このような場合には，最終目的物Zを与える一段階前の分子Yは何かを考えるとよい．Yがわかったら，つぎにそれを合成するための一段階前の化合物Xは何かと，つぎつぎにさかのぼって考え，最終的な出発物Aを決める．これは，合成反応を考える場合の有効な手段の一つである．

これは，冒頭で述べた生まれたばかりの赤ちゃんをまえにして，将来を設計するお母さんとは逆のケースに相当する．つまり，社長（分子）になった人物の子供時代をさかのぼって考え，赤ちゃん（原料）に到達するのである．

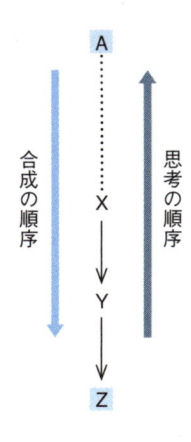

```
A
↓  ↑
X  思
↓  考
Y  の
↓  順
Z  序

合成の順序
```

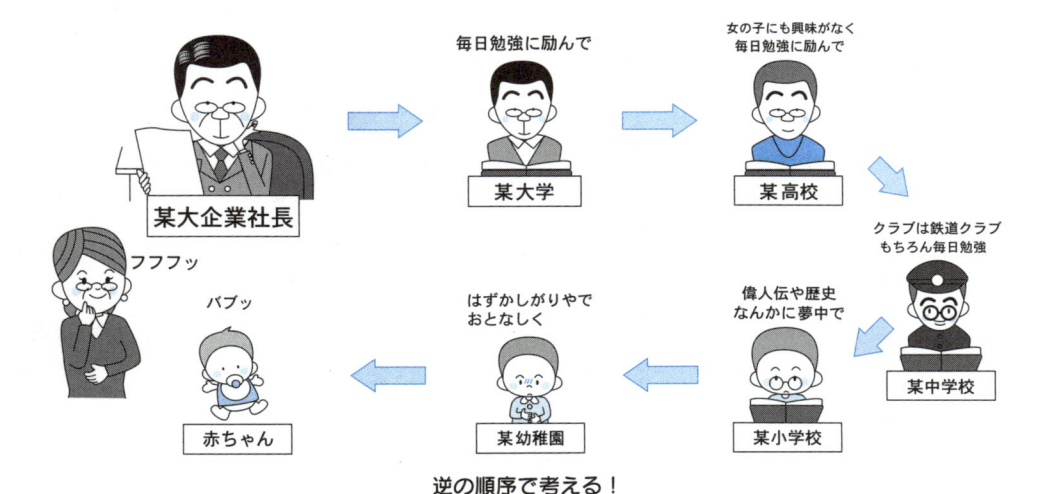

アセトアニリドの合成

アセトアニリドは，図10・1に示した構造の化合物である．解熱鎮痛剤として使われる薬品である．これを，できるだけ簡単な原料から合成しよう．

構造式を見ると，アセトアニリドはアミドであることがわかる．したがって，カルボン酸とアミンの反応で合成できる．では，カルボン酸とアミン

図 10・1　アセトアニリドの合成

はどのようなものを使えばよいのか．アセトアニリドを加水分解すると，アニリンと酢酸になることがわかる．酢酸は基本的な物質だから，原料として用いるにふさわしい．アニリンも原料として用いてもよいものだが，ここでは練習を兼ねてもっと基本的な原料から導くことにしよう．アニリンはニトロベンゼンの還元でつくることができ，ニトロベンゼンはベンゼンに硝酸を作用させることでつくることができる．

以上の考察で，アセトアニリドの合成ルートは解明されたことになる．すなわち，ベンゼンをニトロ化してニトロベンゼンとし，それを還元してアニリンとする．アニリンと酢酸をアミド化すればよい．

アセトフェノンの合成

アセトフェノンはケトンの一種であり，フェニル基とメチル基がカルボニル基で結ばれた構造である（図10・2）．9章の「3. アルコールはアルデヒドになり，やがてカルボン酸になる」で見たように，カルボニル基は第二級アルコールを酸化することで合成できる．すなわち，アルコールを酸化すればよい．それでは，このアルコールはどうやって合成すればよいか．われわれが現段階でもっている有機反応の知識では，合成するのは困難である．

そこで，別な合成系路を検討することにする．前節「F. 水の付加によるケトンの合成」で見たように，アセトフェノンはビニルアルコールから自動的に導かれることがわかる．このアルコールはアルキンに水を付加することによって得られる．アルキンは二臭化物から2分子の臭化水素を脱

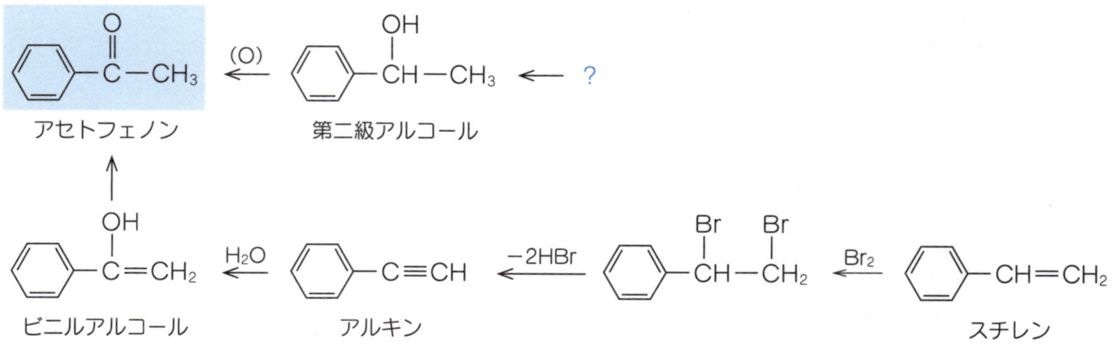

図 10・2　アセトフェノンの合成

10. 有機分子の合成　　155

離すれば生成する．そして，二臭化物はスチレンを臭素化すれば得られる．スチレンは基本的な原料の一つである．

以上の考察を逆にたどれば，スチレンからアセトフェノンを合成できることになる．

このように，ある目標化合物を合成しようとする場合，それを合成する一段階前の化合物を考え，さらにそれを合成するための原料を考える，という具合に，実際の反応を逆にたどる方法が，有効な場合が多い．

4. 実際に合成してみよう

有機化学の面白みの一つは，実験によって実際に有機化合物をつくるところにある．ここでは，実際の有機合成反応を見てみよう．

反応経路

色をもち，しかも結晶であるオレンジⅡをつくってみよう．

オレンジⅡはアゾ化合物の一種であり，構造式は図10・3のとおりである．アゾ化合物であるオレンジⅡの合成はカップリング反応で行う．したがって，アルコール部分は β-ナフトールであり，ジアゾニウム部分は

図10・3　オレンジⅡの合成

p-スルホ塩化ベンゼンジアゾニウムである．

p-スルホ塩化ベンゼンジアゾニウムはスルファニル酸に亜硝酸ナトリウムを作用させれば生成する．スルファニル酸はアニリンと硫酸の反応で合成できるし，アニリンはニトロベンゼンの還元で，そして，ニトロベンゼンはベンゼンのニトロ化でできる．

しかし，ベンゼンのニトロ化から始めたのでは大変なので，アニリンは市販品を用いることにして，アニリンのスルホン化から行うことにしよう．

スルファニル酸の合成

図10・4にスルファニル酸合成の手順を示した．

① 試験管に濃硫酸1.5 mLを入れる．

② さらにアニリン1 mLを入れる．

③ 混合物を180～190 ℃で2時間加熱する．

④ 冷却した後，水5 mLを加える．

⑤ 撹拌すると，スルファニル酸の結晶が析出する．

⑥ 漏斗を使って，結晶をろ過して乾燥する．

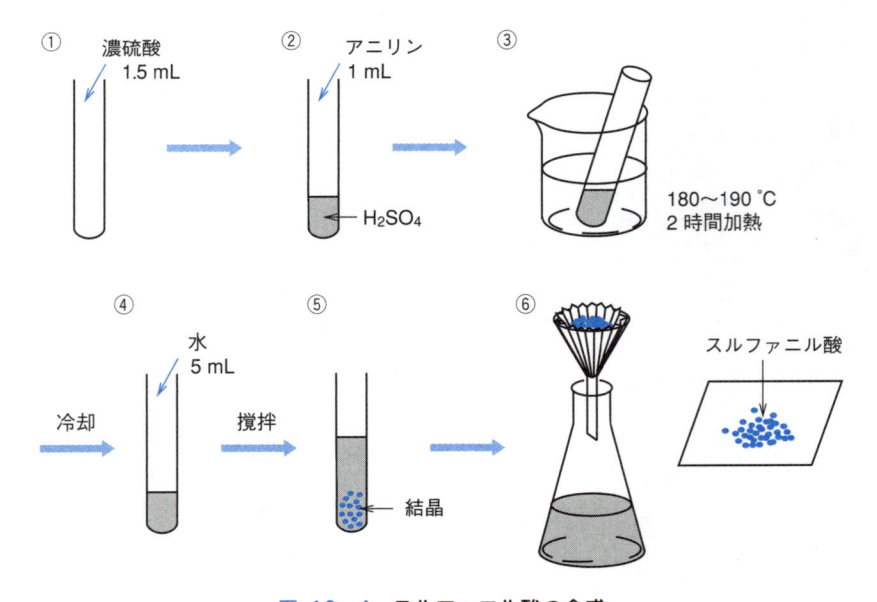

図 10・4 スルファニル酸の合成

ジアゾニウム塩の合成

図 10・5 にジアゾニウム塩合成の手順を示した.
① 試験管に 2.5 % 炭酸ナトリウム水溶液 5 mL とスルファニル酸の結晶 500 mg を入れ,加熱して溶かした後,氷水で冷却する.
② 上の溶液に亜硝酸ナトリウム 190 mg を加えて溶かす.
③ 別の試験管に濃塩酸 0.5 mL と氷 3 g を入れる.
④ この塩酸と氷の混合物に,先の② の溶液を注ぎ入れる.
⑤ 1,2 分放置すると,ジアゾニウム塩の白い結晶が析出する.

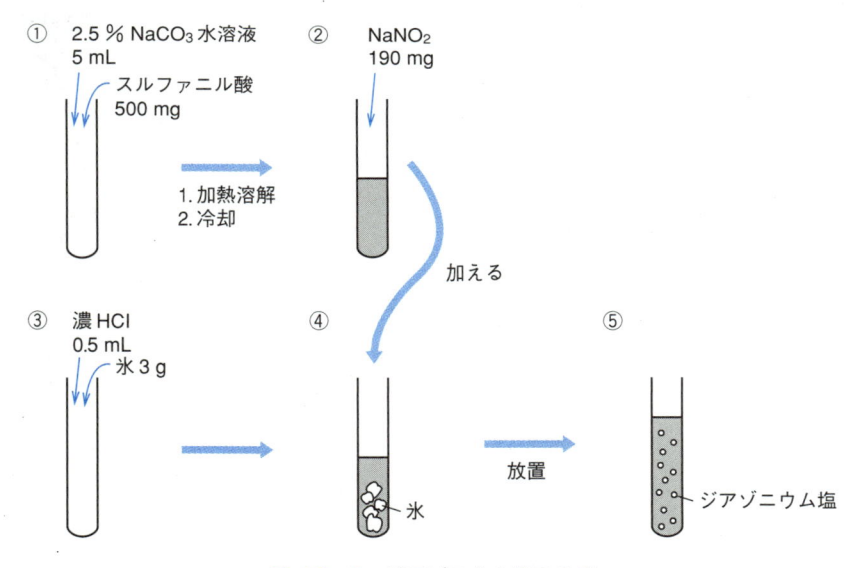

図 10・5 ジアゾニウム塩の合成

オレンジ II の合成

図 10・6 にオレンジ II 合成の手順を示した.
① 50 mL ビーカーに 10 % 水酸化ナトリウム水溶液 2 mL と β-ナフトール 400 mg をとり溶かす.
② 上のビーカーに,先につくったジアゾニウム塩の結晶の入った試験管⑤ の中身を注ぐ.
③ オレンジ II のナトリウム塩の結晶が析出したら,塩化ナトリウム 1 g を加える.

158   IV. いろいろな分子をつくる

① 10 % NaOH
β-ナフトール 400 mg
50 mL ビーカー
溶解させる

② ジアゾニウム塩

③ NaCl 1 g
オレンジⅡナトリウム塩の結晶

④ 加熱溶解

⑤ オレンジⅡの結晶
放置

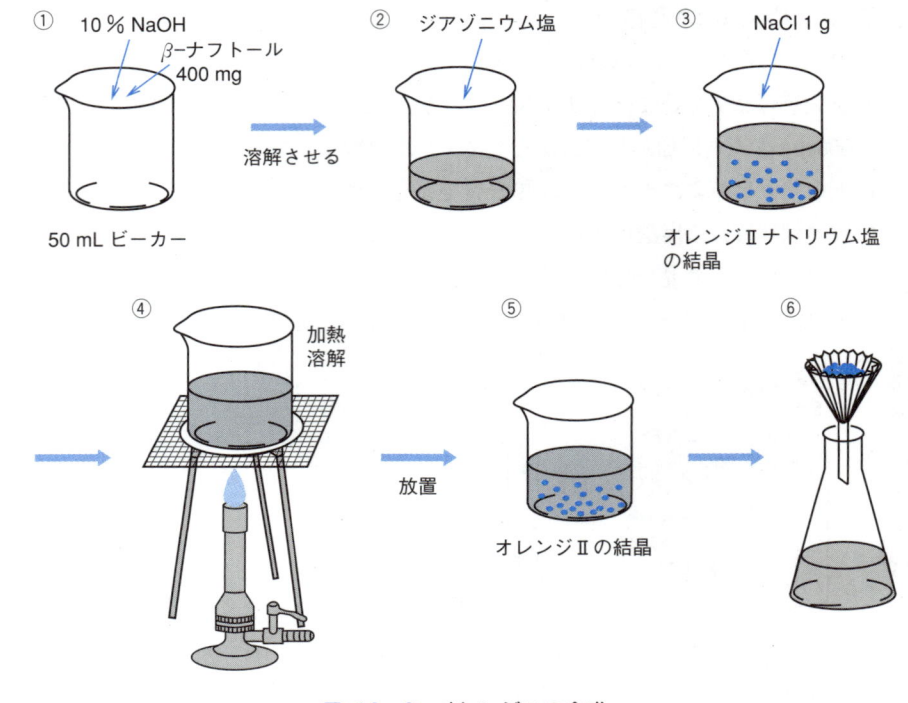

⑥

図 10・6　オレンジⅡの合成

④ 加熱して固形物をすべて溶かす．
⑤ 静かに放置し冷却すると，オレンジⅡの結晶が析出する．
⑥ 漏斗を用いて結晶をろ過する．

以上で，目的の化合物が合成されたことになる．

5. 実験器具と操作

　実験は各種の器具，装置を用いて行う複雑な操作の連続である．ここで，簡単な操作とそこで用いる器具を見てみよう．

加 熱 撹 拌

　加熱撹拌は最も基本的な反応である．ホッティングスターラーという装置を用いるのが簡単である（図 10・7a）．この装置は上の部分が加熱部分

であり，鉄板が電熱器により加熱されて高温になる．その下の部分に撹拌装置がある．撹拌装置は磁石でできていて，これがモーターによって回転する．一方，反応容器（ビーカーやフラスコ）内に回転子とよばれる磁石をテフロンで覆ったものを入れておく．撹拌装置の磁石が回転すると，容器内の磁石も回転し，それによって容器内の溶液が撹拌されるわけである．

抽 出

混合溶液の成分のうち，水に溶ける成分だけを除くような場合には抽出が便利である．

混合溶液を適当な溶媒（たとえばエーテル（水より軽い））に溶かして，分液漏斗に入れる（図10・7b）．さらに水を入れた後，分液漏斗の内容物をよく振り混ぜる．その後，放置すると水相とエーテル相に分かれるので，水を除く．

この操作を何回か行うと，水に溶ける成分はエーテル相から除かれる．

吸引ろ過

ろ過鐘（しょう）を用いるのが便利である（図10・7c）．ろ過鐘を吸引装置につなぎ，中に適当な容器（三角フラスコ（エルレンマイヤーフラスコ）など）を入れる．ろ過鐘に適当な大きさの漏斗を接続し，漏斗には規格のあったろ紙を置く．

結晶を含んだ溶液を静かに漏斗に注ぐと，溶液（母液）はろ過鐘内の容器に入り，漏斗上には結晶だけが残る．

蒸 留

図10・7(d) に示した装置は最も基本的なものである．蒸留したい溶液をナス型フラスコ①に入れる．ここには回転子を入れておく．

ナス型フラスコ①を，ホッティングスターラーで暖めたビーカーなどの油浴を用いて加熱する．沸点に達すると気体が発生し，②を上って③の温度計に達した後，冷却器④に到達する．気体は④を移動するうちに，冷却されて液体になる．その液体を容器⑤によって受ける．

気体の成分が変化すると，温度計③が示す気体の温度が変わるから，

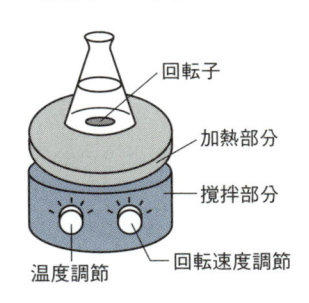

図 10・7(a) ホッティングスターラー

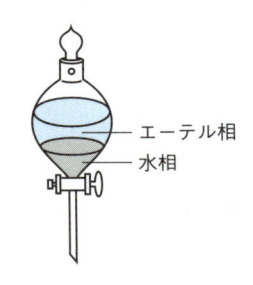

図 10・7(b) 分液漏斗

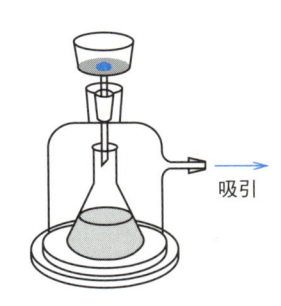

図 10・7(c) ろ過鐘

蒸留とは液体の混合物を，沸点の違いによって分離する操作である．

160   IV. いろいろな分子をつくる

⑤の容器を別の容器に変えて，液体を分離する．

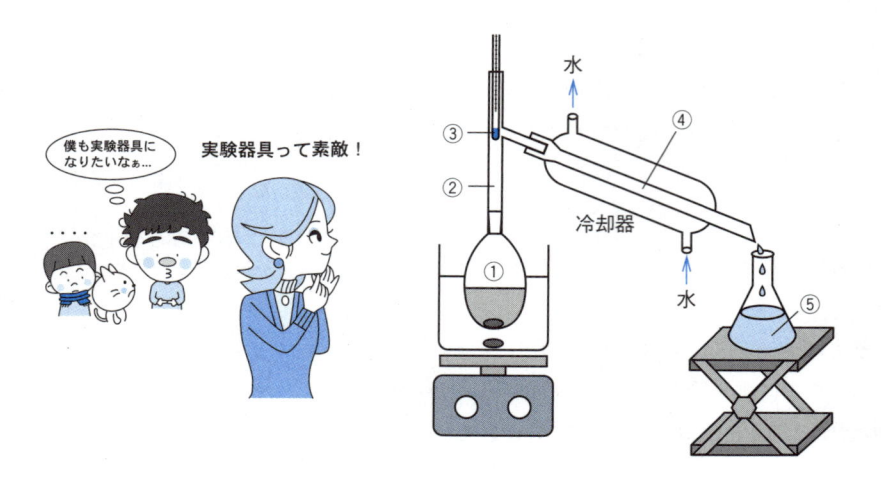

図 10・7(d)　蒸留装置

索　　引

IRスペクトル　75, 76
I効果　61
IUPAC命名法　28
アキラル　46
アセタール　135
アセチルサリチル酸　139
アセチレン　31, 33
　——の結合状態　19
アセトアニリド
　——の合成　153
アセトアルデヒド　58, 59, 125, 131
アセトニトリル　59, 61
アセトフェノン
　——の合成　154
アセトン　58, 59, 133
アセトンシアンヒドリン　135
アゾ化合物　144
アゾ基　144
アニオン　12, 89
アニリン　59, 60, 140, 143, 148, 149,
　　　150, 153, 154, 155, 156
アニリンイエロー　144
アミド　60, 141
アミド化　150
p-アミノアゾベンゼン　143, 144
アミノ基　59, 60, 141, 143
アミノ酸　141
アミン　59, 60, 63, 135, 140, 153
アリール基　57, 58
"R, S 表記"　47
アルカジエン　31
アルカトリエン　31
アルカン　31, 136, 150, 151
　——の異性体　42
　——の構造　28
　——の命名法　29, 30
アルキル基　57, 62, 117, 137, 142, 149

アルキン　31, 33, 114, 150, 151, 154
アルケン　31, 150, 151, 152
　——の異性体　43
アルコキシド　127
アルコラート　127
アルコール　58, 59, 101, 125, 126, 135,
　　　　137, 139, 151
　——の酸化反応　130
アルデヒド　58, 59, 80, 120, 125, 130,
　　　131, 132, 137, 152
アルドール反応　137
α水素　134
α炭素　134, 137
安息香酸　59, 60, 138, 142, 144, 148,
　　　　149, 150
安息香酸フェニルアミド　150
安息香酸フェニルエステル　149
アンチ形　49
アンチ脱離　106
アンモニア　140

い，う

イオン化　68
イオン結合　12
イオン的切断　89
イオン反応　88
いす形　51
異性体　41
　アルカンの——　42
　アルケンの——　43
　シクロアルカンの——　43
イソプロピルアルコール　127
イソプロピル基　57
1次反応　91
一重結合　12
一重線　78
1分子求核置換反応　99, 100
1分子脱離反応　104
1分子反応　100

1価アルコール　126
E2反応　105, 106, 107
E1反応　104, 105
陰イオン　12, 89
ウィリアムソンのエーテル合成　129
ウォルフ-キシュナー反応　136

え

S_E反応　121
S_N2反応　103, 104
S_N1反応　99, 100, 104
エステル　60, 126, 138
エステル化　138, 149
sp混成軌道　19
sp^3混成軌道　16
sp^2混成軌道　18
エタノール　58, 59, 79, 125, 126, 127,
　　　　128, 131, 138, 139
枝分かれアルカン　31
エタン　27, 29, 31, 48, 50
エチニル基　58
エチルアミン　140
エチルアルコール　58, 126, 127
エチル基　57
エチルメチルエーテル　128
エチレン　31, 32, 34, 36, 72, 120, 128
　——の結合状態　18
エチレングリコール　126, 127
エチン　31, 33
X線　71, 81
エーテル　128, 130
エテン　31
エナンチオマー　44, 45, 52
NMRスペクトル　77, 79
エネルギー
　——の吸収　73
　電子殻と軌道の——　8
　電磁波の——　71

索引

エネルギー
π結合の—— 72
エネルギー障壁 50
エノラートイオン 133
エノール形 133
エポキシド 130
MSスペクトル 68
MSスペクトル測定装置 69
エリトロ 52
塩化ナトリウム 12
塩化ベンゼンジアゾニウム 143, 149
塩　基 60, 63
塩基性 140
塩素原子
——の置換基効果 64

お

オキシム 136
オゾニド 119, 120
オゾン酸化 119
オゾン分解 119
オルテップ図 81, 82
o-異性体 133
オレンジⅡ
——の合成 155, 157, 158

か

会　合 21
回転異性体 50
化学シフト 79
化学反応式 86
核磁気共鳴スペクトル 77
重なり形 48
可視光線 71, 74
加水分解
エステルの—— 139
カチオン 12, 89
——の安定性 117
活性化エネルギー 94
活性水素 113
カップリング反応 144, 155
価電子 10
加熱撹拌 158
過マンガン酸カリウム
——による酸化 118
カルテット 79

カルボカチオン 102, 117, 118
カルボキシル基 59, 60, 64, 138, 141, 142
カルボニル基 58, 59, 132
——の付加反応 135
カルボン酸 58, 59, 60, 63, 120, 125, 130, 138, 139, 141, 152, 153
還　元 132
環状アルケン 32
環状エーテル 128
官能基 58, 59, 75, 125, 142
——の特性吸収 77
——の変換 148
慣用名 29

き, く

ギ　酸 59, 60, 131, 138
基準ピーク 69
軌　道 8, 9
軌道混成 16
キノン 133
基本骨格 55, 56, 61
求引ろ過 159
求核攻撃 100
求核試薬 100, 103, 108, 135
求核置換反応 99, 103
求核付加反応 135
吸光係数 74
吸収スペクトル 74
求電子攻撃 100, 121
求電子試薬 100, 121, 122
求電子置換反応 121
吸熱反応 93
鏡像異性体 44, 45, 52
共役化合物 33
共役系 72, 74
共役二重結合 33, 35
共有結合 11
局在p結合 37
極　性 21
極性分子 21, 127
極大吸収波長 74
キラル 46
銀鏡反応 132
金属アルコキシド 129

グリセロール 127
グリニャール反応 136
クーロン力 12

け, こ

結　合 10, 88, 89
結合エネルギー 15
結合解離エネルギー 15
結合軸 13
結合手 12, 13
結合性p軌道 72
結合電子 89
結合電子雲 11
——の生成 89
ケト-エノール互変異性 133, 134, 151
ケト形 133
ケトン 58, 59, 120, 130, 131, 132, 135, 151, 152
——の置換反応 134
ケミカルシフト 79, 80
原　子 6
原子核 6
磁場と—— 77
原子軌道
——の構造と大きさ 6
原子番号 7
元素記号 7
元素分析 66, 67
光学異性体 46
光学活性 47
光学分割 48
攻撃試薬 100
構造異性体 43
構造式 26
ゴーシュ形 49
混成軌道 16
コンホマー 44, 50

さ

最外殻電子 10
最高被占軌道 73
ザイツェフ則 107, 108
最低空軌道 73
酢　酸 21, 59, 60, 125, 131, 138, 139, 153, 154
酢酸エチルエステル 138, 139
鎖状エーテル 128
サリチル酸 139

索引

サリチル酸メチル　139
酸　60, 63, 139
　　——の強さ　64
酸　化　132
3価アルコール　126
酸化反応　112, 118, 151
　　アルコールの——　130
三重結合　12, 15, 20, 111
　　——の導入　150
三重線　78
酸　性　138
酸定数　63

し

ジアステレオ異性体　44, 51, 52
ジアステレオマー　44, 51, 52
ジアゾ基　143
ジアゾニウム塩　143
　　——の合成　157
ジエチルアミン　140
ジエチルエーテル　128
紫外–可視吸収スペクトル　74
紫外線　71, 74
σ結合　13
σ結合電子雲　61
σ骨格　19
シクロアルカン
　　——の異性体　43
　　——の構造と名前　31
シクロブタン　30
シクロプロパン　30, 32
シクロヘキサン　51
シクロヘプテン　33
シクロペンタン　30
四重線　79
シス体　44
シス-トランス異性体　44
シス付加　112
実験器具　158
実験式　68
実験操作　158
質量数　7
質量スペクトル　68
質量保存の法則　86, 87
磁　場
　　——と原子核　77
　　——と電子雲　78
ジフェニルエーテル　128, 149
ジフェニルケトン　133

ジメチルケトン　133
指紋領域　77
臭化水素
　　——の付加反応　116, 151
臭素付加反応　114
収　率　87
出発系　86
出発物　86
蒸　留　159
食　塩　12
触　媒　95, 96, 113
触媒毒　96
初濃度　90
シリルエーテル　129
シングレット　78
シン脱離　106
振動数　71

す

水素結合　21, 127
水素原子　77
水素分子　10
スチレン　38, 39, 154
スペクトル　65, 73, 74
スルファニル酸　155
　　——の合成　156
p-スルホ塩化ベンゼンジアゾニウム
　　　　　　　　155, 156
スルホ基　142
スルホン化　122, 148
スルホン酸基　142

せ, そ

生成系　86
生成物　86
静電引力　12, 21, 22
赤外線　71, 75
赤外線吸収スペクトル　75
接触還元　113
接触水素化　113, 151
遷移状態　94, 95, 102
旋　光　46
旋光度　46
選択性　106, 107

疎水性相互作用　21, 22

素反応　92
存在確率　9

た 行

第一級アルコール　126, 130
ダイオキシン　39, 128, 129
第三級アルコール　126, 130, 131
第二級アルコール　126, 130, 131, 154
第四級アンモニウムイオン　140
多重結合　15
脱離基　104
脱離反応　97, 104, 128, 150
ダブレット　80
炭化水素　25, 66
単結合　12, 15
　　——の置換反応　98
単結晶X線解析　81, 82
炭素原子　10
炭素陽イオン　102
タンパク質　141

置換基　55, 56, 61, 98
　　——の位置と酸の強さ　64
置換基効果　61, 64
置換反応　97, 98, 112, 127
　　ケトンの——　134
逐次反応　92, 95
中間体　92, 95, 101, 102
抽　出　159
中性子　7
超伝導磁石　78
超伝導状態　78
直鎖アルカン　31

強い酸　63

THF　128, 129
DNA　21
TNT　60
TMS　78
テトラヒドロフラン　128, 129
テトラメチルシラン　78
電気陰性度　20, 21, 134
電　子　6, 9
　　——の移動　89
　　——の動き　103
電子雲　6, 9, 22
　　磁場と——　78
電子殻　7, 8

164 索引

電子求引基　61, 62, 63
電子求引効果　61
電子供給基　62, 117
電子供給効果　62
電子対　89
電磁波
　——のエネルギー　71
電子配置　10

同位体　7
特性吸収　76, 77
トランス体　44
トランス付加　112, 115
トリエチルアミン　140
トリニトロトルエン　59, 60
トリプレット　78
トルエン　38, 39, 142, 148
トレオ　52

な 行

ナトリウムフェノキシド　142
ナフタレン　38, 39
β-ナフトール　155

2価アルコール　126
2次反応　91
二重結合　12, 15, 19, 34, 111, 141
　——の導入　150
二重線　80
二重らせん　21
ニトリル　59, 61
ニトリル基　59, 61
ニトロイルイオン　122, 123
ニトロ化　122, 148, 156
ニトロ化合物　59, 60
ニトロ基　59, 60, 143
ニトログリセリン　60
ニトロニウムイオン　122
ニトロベンゼン　59, 60, 122, 143, 148, 153, 154, 155, 156
ニトロメタン　59, 60
2分子求核置換反応　103
2分子脱離反応　105
2分子反応　103
二面角　50
ニューマン投影式　48

ねじれ形　48

は, ひ

π結合　14, 19, 35, 36
　——のエネルギー　72
配座異性体　44, 50, 51
波　数　76
波　長　71
発光スペクトル　74
発熱反応　93
p-異性体　133
パラホルムアルデヒド　131
ハロゲン化アルキル　129, 134, 137
反結合性π軌道　72
半減期　91
反応エネルギー　93
反応機構　99, 103, 105, 106
反応座標　90
反応式　86
反応速度　90, 100, 101, 104
反応速度式　91
反応速度定数　91
反応熱　93

光
　——のエネルギー　71
非共有電子対　10, 63, 140
非局在π結合　37
pK_a　63, 138, 140
PCB　39
比旋光度　46
ヒドラジン　136, 136
p-ヒドロキシアゾベンゼン　143, 144
ヒドロキシ基　58, 59, 62, 126, 142
ヒドロキシルアミン　136
ヒドロキノン　127
ビニルアルコール　151, 152, 154
ビニル基　58
ビフェニル　38, 39
ピリジン　140

ふ

ファンデルワールス力　22
フィッシャー投影式　49
フェニル基　57
フェノール　58, 59, 127, 138, 142, 143, 144, 149

フェーリング反応　132
付加反応　111, 112, 151
　カルボニル基の——　135
　臭化水素の——　116
不斉炭素　45
ブタジエン　32, 34, 35, 36, 72
ブタン　27, 49, 50
$tert$-ブチルアルコール　127
不対電子　10
フッ素原子
　——の置換基効果　64
舟　形　51
不飽和結合　111
　——の導入　150
不飽和水素　80
不飽和性　12
不飽和炭化水素　31
＋I 効果　61, 62
フラン　128
フリーデル–クラフツ反応　123, 142, 148
プロトン　77
プロパン　27, 29
プロピル基　57
プロピン　33, 27
分液漏斗　159
分枝アルカン　31
分散力　22
分子イオンピーク　69
分子間力　20
分子軌道　11
分子式　26, 68, 69
分子量　68
分裂パターン　80

へ

ヘキサトリエン　34
ベースピーク　69
ペプチド　141
ペプチド結合　141
ヘミアセタール　135
偏　光　46
ベンズアルデヒド　58, 59, 131
ベンゼン　27, 36, 37, 57, 98, 121, 122, 142, 143, 148, 149, 153, 154, 155, 156
ベンゼンスルホン酸　122, 142, 148, 149
ベンゾニトリル　59, 61, 143, 144, 149
ベンゾフェノン　58, 59, 133

ほ

芳香族化合物　37, 80, 112
　——の置換反応　98
飽和結合　97
飽和水素　80
飽和炭素水素　28
保護基　130, 135
ホッティングスターラー　158
ホフマン則　107, 108
HOMO　73
ポリ塩素化ビフェニル　39
ポリペプチド　141
ホルマリン　58, 131
ホルミル基　58, 59, 131, 137
ホルムアルデヒド　58, 59, 131

ま 行

−I効果　62

マグネシウム　137
マススペクトル　68
マルコウニコフ則　118

水
　——の付加　151
水分子　20, 21

無方向性　12

メソ体　53
m-異性体　133
メタノール　58, 59, 62, 126, 131, 138, 139
メタン　27, 29
　——の結合状態　17
メチルアミン　59, 60
メチルアルコール　58
メチル基　57, 62, 101, 102

や 行

誘起効果　61

有機酸　60
有機分子　5
UVスペクトル　74, 75

陽イオン　12, 89
陽子　7
弱い酸　63

ら 行

ラジカル　89
ラジカル的切断　88, 89
ラジカル反応　88
ラセミ混合物　48

律速段階　93, 100, 103, 104, 105
立体異性体　44, 116
量子化　71
臨界温度　78

LUMO　73

ろ過鐘　159

齋藤 勝裕
　1945年 新潟県に生まれる
　1969年 東北大学理学部 卒
　現 名古屋工業大学大学院工学研究科 教授
　専攻 有機化学，有機物理化学，超分子化学
　理 学 博 士

第1版 第1刷 2005年3月23日 発行

わかる化学シリーズ 4
有　機　化　学

Ⓒ 2005

著　者　齋　藤　勝　裕
発行者　小　澤　美奈子
発　行　株式会社 東京化学同人
　　　　東京都文京区千石3丁目36-7（〒112-0011）
　　　　電話 03-3946-5311・FAX 03-3946-5316
　　　　URL：http://www.tkd-pbl.com/

印　刷　中央印刷株式会社
製　本　株式会社松岳社

ISBN 4-8079-1484-7
Printed in Japan

わかる化学シリーズ

1. 楽しくわかる化学 　　　　　齋 藤 勝 裕 著
2. 物 理 化 学 　　　　　　　　齋 藤 勝 裕 著
3. 無 機 化 学 　　　　　　　　齋藤勝裕・長谷川美貴 著
4. 有 機 化 学 　　　　　　　　齋 藤 勝 裕 著
5. 生 命 化 学 　　　　　　　　齋藤勝裕・尾﨑昌宣 著
6. 環 境 化 学 　　　　　　　　齋藤勝裕・山﨑鈴子 著
7. 高 分 子 化 学 　　　　　　　齋藤勝裕・渥美みはる 著